饕掏不絕

朱振藩 著

目次

嘗鮮。

喫豆腐。

食有所聞。

食談。

序

口腹旋律　聆聽朱振藩大師談美食

許水富

第一句話是鹹的
在唇舌之間滑下許多斷章修辭
一堆剛出爐的子曰詩云烤得爛爛的
味道介於老辣和摩登以及羞澀
整個台北頓時滑入五花八門的胃腸
忽然一個吟哦的打嗝
甜膩甘醇和心知肚明的酥軟溢出了香氣
請坐。這只是一碟舌根小菜而已
刀工劍法才開始出巡江湖
火候就緒。調材生華亮出廚藝吃食興亡
一抹油漬淋了字句遍體飛揚
恬淡自豪。各家絕技煙塵畢露

而肚腹滿滿已是中飽私囊橫行
一啄一飽。庖事大業孕有不衰臟腑聖賢
論生死。貴賤難逃一大口一大口的出沒
湯水江河。魚龍漫游一路衣香風景
諸色紅顏。山野村蔬盡是人間叫絕密藏

許水富，國立台灣師大美研所畢業。擅長詩文書畫，創作多元面廣，著有《多邊形體溫》、《饑餓》、《買賣》等八本詩集。烹調「詩藝」能手，白天教書幹活。晚上創作修心。

自序

饕可掏，非常饕

「老饕」和「美食家」二者，是當今常見的詞兒，想要得此「嘉名」，門檻其實不高，只要對吃有興趣，拍個照片上網，發表一些意見，甚至不發一語，僅有照片存證，亦能獲此封號，讓人不敢恭維。如果更進一步，卻有貶低意涵，此在知名飲食作家蔡珠兒的想像中，「『老饕』帶有貪意，好像人生無所用心，整天都在找好吃的，一副需索不止、貪得無饜的模樣；而『美食家』則帶有刁意，讓我聯想到精乖刁鑽、東挑西揀和勢利的嘴臉」；接著她發出浩歎，「天啊，我雖沒出息，但也不想落得那般下場」。

以上皆是時下對「名饕」和「美食家」的主流觀點，積非成是，莫衷一是。看來要導之使正，必在先正其名。不然，久而久之，將使真正的知味之士，難以措其手足，無「顏」立足世上，亦懼蒙此「污」名。

饕是古獸名，經常與餮合用，稱為「饕餮」。這等奇特猛獸，長相怪異嚇人，若非科幻片看多了，簡直無法相信。據東方朔《神異經》的描述，牠「身如牛，人面，目在腋下，食人」，至於其性情，則「貪如狠惡，積財而不用，善奪人穀物，強者奪老弱者，畏強而擊單」，實在不是個好東西。後來變成圖騰，周代所用的鼎，起先就以牠為形象。例如《呂氏春秋．先識》即云：「周鼎著饕餮，有首無身，食人未咽，害及其身。」後來由具象變成圖象，化身成饕餮紋，並成為青銅器上的常見紋飾。

然而，《左傳》的說法不同，講的是惡人。指出：「縉雲氏有不才子（即不肖子，壞兒子），貪於飲食，冒於貨賄。侵欲崇侈，不可盈厭；聚斂積實，不知紀極。不分孤寡，不恤窮匱。天下之民以比三凶（分別是組織黑幫，行凶作惡的渾沌；散佈謠言，陷害忠良的窮奇以及獨斷專行，不聽人言的檮杌），謂之饕餮。」

到了西漢，饕餮仍然並用。像《淮南子．兵略》便說：「貪味饕餮之人，殘賊天下，萬人搔動。」已去貪財之義，專指貪味而言。是以東漢之世，饕與餮開始分家，字書如《說文》、《韻會》等，在注「饕」字時，其意義已專指「貪嗜飲食」了。

自從北齊的顏之推表示：「眉毫不如耳毫，耳毫不如項條，項條不如老饕」後，宋代吳曾在《能改齋漫錄》引用此話，再注釋稱：「此言老人雖有壽相，不如善飲食。」於是乎「饕」的含義為之一變，開始有會吃、善吃之意，而不是只有原先的貪吃而已。

而這「老饕」二字，雖連結在一處，其本義應是「老」而「饕」之。但將二字連用，再賦予單獨意義，始自蘇軾的〈老饕賦〉。賦文中的「蓋聚物之夭美，以養吾之老饕」（其意為把美好的食物，統統用來滿足我的口腹之欲）句，不啻表明知味且善飲食的蘇東坡，乃中國歷史上公開宣稱自己是老饕的第一人。這篇僅兩百來字的〈老饕賦〉，描繪層面甚廣，凡庖人的技藝、烹調的精妙、餚點的豐盛和宴飲的歡樂，無不包羅其中，滔滔不絕，綿延不斷；令人讀罷，心領神會，能得其樂。

傑作之後，不免續貂。蘇軾的這篇，既引起回響；另一篇〈老饕賦〉跟著問世。作者署名「某應制者」，收錄在朱暉的《絕倒錄》一書內。文采不如前作，亦有獨到見解，如「每嚐遍於市食，終莫及於家餚」即是。

在如此的推波助瀾下，老饕正式出籠，成為善吃之人，知味之士的代表，但不包括飲食「文化」在內。故飲食大家唐振常曾精準地說：「即使吃遍天下美味，舌能辨優劣，往往也還只是個老饕。」

那美食家又是如何呢？得要「善於吃，善於談吃，說得出個道理來，還要善於總結」，有「飲食菩薩」美譽的車輻如是說。這和李眉在談他父親李劼人的一番話，頗有異曲同工之處。他指出：「我認為父親不單是好吃會吃，更重要的是，他對飲食的探索和鑽研。他之所以被人稱之為美食家，其主要原因大概在此。」

基本上，「美食」一詞，在先秦便已出現，像《韓非子．六及》、《墨子．辭過》等書，均使用過。台灣出版的《中文大辭典》，設有「美食」條目，並把它解釋成「味美之食物也」；「調食物之味，使之美也」。

而讓「美食家」這個詞兒大行於世的，不得不歸功于以寫蘇州而大享盛名的陸文夫。他在一九八二年時，出版了一本中篇小說，書名就是《美食家》。這本書凡六萬多字，描繪一位外叫朱自冶的美食主義者，寫他吃遍蘇州及其周遭的飲食活動，並最後如何成一家之言。文筆活潑生動，非但譯成多國文字，而且拍成電影。流風所及，「美食家」遂繼「老饕」之後，華人世界中，人人朗朗上口的名詞。

由於「老饕」和「美食家」，都無證照可稽，旁人無從知曉其本事和底蘊，於是給得慷慨，樂得恭維一番。反而使這個「頭銜」益發俗氣，也莫怪大吃家逯耀東會感慨的說：「所謂美食家，專挑珍饈美味吃，而且不論懂或不懂，為了表現自己的舌頭比別人強，還得批評幾句。」他老人家畢竟是有道長者，其實許多擁此稱號者，恐怕連所食是否為「珍饈美味」，還搞不太清楚，吃不個所以然來哩！

依我個人的微末見識：想吃到或吃出美味的「味中味」及「味外味」，非得天時地利人和三者俱全。同時還得具備超乎常人的好運道和肚大能容的好腸胃，以及始終如一的好味蕾等有利條件，始克奏功。而欲臻飲食的最高境界，必須讀萬卷書，行萬里路，嘗萬般味。加上不斷歸納、演繹之後，方能「嘗一臠而知全味」，不會「隨人說短長」，進而成為一位「真金不怕火鍊」的美食家。

以上是我的理想，也是我努力的目標。不過，既已身為一個老饕，必須掏出「文化」，才有機會再上層樓。這本《饕掏不絕》，是我在海峽兩岸出版的第四十本書，若去掉命相和風水部分，則是第三十四本。純就飲食而言，充其量只是略有小成而已。只是希望前面所談的這些，能增進您對飲食文化更深的認識與體會。如此，始能侃侃而談，當個饕淘不絕的「非常饕」，品出自己的天空和境界。

是為序。

烹食

千古絕唱
東坡肉

肉切長厚約二寸許，下鍋小滾後去沫。每一斤下木瓜酒四兩，炒糖色入。半爛，加醬油，下冰糖數塊，將湯收乾。用山藥蒸爛去皮襯底。肉每斤入大茴三顆。

自古以來，菜以人傳的例子很多，而最受世人稱道，號稱杭州第一名菜的「東坡肉」，絕對是其中之佼佼著。即使清初飲饌名家李漁在《閑情偶寄》中指出：「食以人傳者，『東坡肉』是也。卒急聽之，似非豕之肉，而為東坡之肉矣。噫！東坡何罪，而割其肉，以實千古饞人之腹哉？」且「予非不知肉味，而於豕之一物，不敢讓措一詞者，慮為東坡之續也。」仍未損其赫赫之名，反而更增添它在中國飲食史上的崇隆地位。

話說大文豪蘇軾，自號東坡居士，十足是個美食家。他在被貶黃州後，家貧身困，吃不起當時貴重的羊肉，好吃的他，腦筋只好動到「貴者不肯食，貧者不解煮」，同時「價賤如糞土」的「黃州好豬肉」上面，終於研究出「淨洗鐺，少著水、柴頭罨烟焰不起。待他自熟莫催他，火候足時他自美」的頂級紅燒肉。從此之後，當他在「夜飲東坡醒復醉」之餘，「每日起來打兩碗，飽得自家若莫管」。自得食樂，不亦快哉！

儘管中國許多地方都有獨門的「東坡肉」，然而，杭州人認為只有他們所燒的「東坡肉」，才得東坡真髓。原來蘇軾官錢塘太守時，為了疏濬西湖裡的淤泥，乃徵召民伕掘泥築堤，此即當下西湖十景之一的「蘇公堤」。由於民伕賣力趕工，自然損耗不少體力，為了彌補慰勞，加快築堤速度，蘇太守便想起他當年在黃州時的紅燒豬肉，遂注入黃酒於大鍋內，燒給大夥兒吃，效果出奇地好，百姓感其德澤，世代流傳此一燒法，號稱「東坡肉」。

其實「東坡肉」之名，始見於明人沈德符的《萬曆野獲篇》，指出：「肉之大胾（即塊）不割者，名『東坡肉』。」其燒法則見於清代的《調鼎集》，云：「肉取方正一塊刮淨，切長厚約二寸許，下鍋小滾後去沫。每一斤下木瓜酒四兩（福珍亦可），炒糖色入。半爛，加醬油，火候俱到，下冰糖數塊，將湯收乾。用山藥蒸爛去皮襯底。肉每斤入大茴三顆。」至於其滋味，則載於楊靜亭所撰的《都門新詠》，略稱：「原來肉製貴微火，火到東坡膩若脂，象眼截痕看不見，啖時舉箸爛方知。」簡簡單單四句，描繪入木三分，是以兩岸三地，至今流行不歇。

我新近在香港的「杭州酒家」，嘗到其招牌名饌「東坡肉」，但見色澤紅潤，入口汁濃味醇，肉酥爛而不柴，皮爽糯而不膩，取此下飯佐酒，好到齒頰留香，無法形容其美，難怪見重食林，甚受饕客喜愛。

松阪豬肉的本尊

禁臠，紅燒、白煮均佳。前者在烹製時，取其肉洗淨，切成若干塊，入鍋、加酒、薑、醬油、糖、湯汁燜燒至韌勁酥透即成。後者則在煮熟後，切厚大片，蘸調料而食。

曾經紅極一時的豬頸肉（一名豬圈肉、項肉、項臠、槽頭肉），後因傳言施打抗生素的針，皆在此部位注射，食之有害健康，身價因而暴跌，敢問津者甚少。近幾年來，換個名號出現，以頂級的松阪牛類比，逕呼「松阪豬肉」。此名一出，果然聞「肉」響應，馬上鹹魚翻身，成為高檔食材。究其實，它本身即是珍饈，現在聲價陡漲，只是還它公道而已。

這塊肉即大名鼎鼎的「禁臠」。此語最早見於《晉書・謝混傳》和《世說新語》，它和東晉元帝司馬睿有關。據《晉書》上的記載：「元帝始鎮建業（今南京市），公私窘罄，每得一豚（小豬），以為珍饈，項下一臠尤美，輒以荐帝，群下未嘗敢食，於是呼為『禁臠』。」正因此肉肥脆爽美，自古就視為佳味。以致大文豪兼大食家的蘇軾在〈老饕賦〉吟：「嘗項上之一臠，嚼霜前之兩螯，……蓋聚物之夭美，以養吾之老饕。」將禁臠與螃蟹大鉗子似的蟹螯並論，其推重可知。

不過，孝武帝司馬曜當政時，為選個好女婿，向大臣王珣徵詢人選，王珣推薦謝混。不料婚事未成，皇帝就駕崩了。另一位大臣袁山松也看上謝混的才學出眾，也想招做女婿，徵詢王詢意見。王詢立刻表白，「卿莫近禁臠」。後來謝混娶了公主，從此「禁臠」就演變成了駙馬爺的代名詞。像唐代大史學家劉知幾便在《史通》中寫道：「江左皇族，水鄉庶姓，若司馬、劉、蕭、韓、王，或出於亡命，或起自俘囚，一詣桑乾，皆成禁臠。」

晉元帝愛吃的禁臠，紅燒、白煮均佳。前者在烹製時，取其肉洗淨，切成若干塊，入鍋、加酒、薑、醬油、糖、湯汁燜燒至韌勁酥透即成。熱食固佳，冷食可再切成薄片，下酒佐飯，確為妙品。後者則在煮熟後，切厚大片，蘸調料而食，真大快朵頤；如逕送嘴中，細嘗其原味，肉香融潤脂，乃一大享受。只是這等尤物，多食動風，還是量力而為，適可而止方好。

而禁臠一詞，將之比喻成獨占珍美物（不專指食物），不容別人分享、染指之現代意義，倒是牽扯到一代女皇武則天。原來武氏寵幸的上官婉兒，有次竟背地與武的男寵張宗昌調笑。武氏撞見，醋興大發，一怒之下，拔出金匕首刺向上官婉兒前鬢，傷其左額，並怒罵道：「汝敢近我禁臠，罪當處死。」張宗昌見狀，馬上下跪求情，武才赦免了上官婉兒。

目前台灣的滷肉（肉燥）飯，為了節省成本，幾乎都用三層肉，只要滷得透，仍有可觀處。然而，早年好的滷肉飯，其肉臊子一半用豬前腿肉，一半用禁臠，以豬油、醬油精煉之後，再用木炭文火慢燉，端的是「漿凝瓊液，香霧襲人，而且入口即溶」，可惜古法無跡尋覓，只能徒託懷想罷了。

鎮江肴肉耐尋味

品嘗肴肉時，須蘸些香醋，佐薑絲送口，最能嘗出其濃醇風味與芳鮮酥糯，如再搭配黃酒同食，尤妙不可言，不覺陶然欲醉。

揚鎮菜曾經在中國的菜餚史上大出鋒頭，有口皆碑。其中，最享盛名的冷盤菜，則非鎮江的肴肉莫屬。

這道菜原名「硝肉」，又稱「水晶肴蹄」，非但是鎮江人最喜好的早點，也是早年台灣的江浙館子和上海菜館必備的拼盤菜，常和風雞、醉雞、燻魚等湊在一塊兒。其滋味究竟如何？近人有詩云：「不覺微酥香味溢，嫣紅嫩凍水晶肴。」即點明了它的色、香、味、形，俱屬上乘。至於其最大的特色，即在酥、爽、鮮、嫩，獨具一格。經仔細品嘗後，其精肉色紅、香酥可口、食不塞牙；肥肉色白，油潤不膩，吞嚥立化。由於滋鮮味美，吃來別致有趣，故能與淮揚細點齊名，成為鎮江的招牌絕品。

關於肴肉的製成，事屬巧合。據說本欲用鹽醃豬蹄，卻誤把硝抹上，結果肉質未壞，細結而香，色澤明豔，光滑晶瑩。為了不忍割愛，努力去除硝味，於是反覆以滾水煮，清水浸，接著加入蔥段、薑片、茴香，再用小火燜煮，最後切片裝盤。當地至今盛傳，因其香氣濃郁，居然引來八仙中的張果老，瞇眼細品之餘，對其鮮美之味，感覺滿意至極，倒騎驢背而去。不過，這等齊東野語，本就渲染附會，當作談助即可，不必追根細究，免得自尋煩惱。

肴肉在鎮江上市，已歷三個世紀以上，起先用手工壓製，所以要肥要瘦，可以隨心所欲。因而善做肴肉的大師傅，其工錢特別地高，且吃肴肉的名堂，非常之多，細數不盡。比方說，有一種偏瘦的，切出來可是一個肉圈挨著一個肉圈，不僅好吃，而且好看，別號「眼鏡」。還一種不肥不瘦的肴肉，正中嵌有一條S型的瘦肉，好像從前繫腰帶的帶鉤，好事者管它叫「玉帶鉤」。更有一種肴肉，純粹瘦肉核兒，中間插上一根雞腿骨，這可是大有來頭的，號稱「天燈棒兒」。按照當地規矩，在茶館叫上一隻天燈棒，表示來客不是凡夫俗子。擺上三隻天燈棒，敢情是有行情的人物。如果連擺五隻，即是在擺譜兒，表示有外地大亨到了，聲價非比等閒。這等特別禮俗，倒也生動有趣。

而在品嘗肴肉時，須蘸些香醋，佐薑絲送口，最能嘗出其濃醇風味與芳鮮酥糯，如再搭配黃酒同食，尤妙不可言，不覺陶然欲醉。

可惜的是，而今台灣飯館所賣的肴肉，多非師傅親炙，刀章亦待提升，（有的切得大而且厚，有的又切得小而且薄，肉的軟硬程度也不劃一），想要吃幾塊好肴肉，真的有些戛乎其難。可恨的是，以往吃肴肉時，無法弄到好的鎮江高粱米醋襯托，現則有好醋，卻嘗不到上好肴肉，兩俱失之交臂，徒歎造化弄人。

不俗不瘦筍燒肉

筍燒肉是一種極可口的配合，肉藉筍之鮮，筍則以肉而肥。「焙筍」的製法為：嫩筍、肉汁煮熟焙乾。

南宋著名食家林洪愛吃原味，對於竹筍，更是如此。他的方法為：「夏初，林筍盛時，掃葉就竹邊煨熟」，因「其味甚鮮」，故美其名曰：「傍林鮮」。他的這個看法，顯然與「蘇門四學士」之一的黃庭堅相近，黃氏在〈食筍十韻〉即云：「大都煮菜皆如此，淡處當知有珍味。」又，清代食家童岳薦更進一步指出：「筍味最鮮，茹齋食筍，只宜白煮，俟熟，略加醬油，若以他物拌之，香油和之，則陳味奪鮮，筍之真趣盡沒。」可見對於筍這一「至鮮至美之物」，文人雅士們特愛其本味，不容與他物相混。

因此，林洪強烈主張：「大凡筍，貴甘鮮，不當與肉為友」，且「今俗庖多雜以肉」，不啻是小人壞了君子。關於此點，恐怕就見仁見智了。像李漁在《閑情偶寄》中即謂：用筍配葷，非但要用豬肉，且須專用肥肉。由於「肉之肥者能甘，甘味入筍，則不見其甘，但覺味至鮮」。

事實上，今杭州臨安縣（古稱潛縣）尚流傳一則軼事，可資談助。原來蘇軾擔任杭州通判時，曾於初夏抵此，下榻金鵝山的「綠筠軒」。此地茂林修竹，風物景色極美，他心懷大暢下，隨即賦〈於潛縣綠筠軒詩〉一首，詞云：「可使食無肉，不可居無竹。無肉令人瘦，無竹令人俗。人瘦尚可肥，士俗不可醫。旁人笑此言，似高還似癡，若對此君（指竹筍）仍大嚼，世間那有揚州鶴？……」照蘇軾當時的觀點，筍與肉不應合燒，否則有損筍的清雅本味。沒想到用餐時，縣令刁鑄居然用筍燒肉款待他，並告訴他說：「吃筍切忌大嚼，只能細嘗。」蘇軾依言而試，果然滋味不凡，乃打趣接著道：「若要不俗也不瘦，餐餐筍煮肉。」

「筍燒肉是一種極可口的配合，肉藉筍之鮮，筍則以肉而肥。」幽默大師林語堂如是說。事實上，筍燒肉的確是美味，其組合亦多變化，而且效果甚佳。既可用桂竹筍煮排骨，也可用冬筍、春筍紅燒大塊三層肉；凡此種種，不一而足，但全會讓人聞香垂涎，如搭配香粳飯（一稱香米飯）而食，尤其可口。倘若無香粳米，也可換成壽司米（日本人做握壽司所用的高檔米），燒出來的飯，口感一樣出色。連扒它數大碗，肯定意猶未盡。

我個人最愛吃的筍燒肉，乃《調鼎集》一書記載的「焙筍」，它的製法為：「嫩筍、肉汁煮熟焙乾」，因其「味厚而鮮」，一次嘗個幾塊，快活好似神仙。

紅糟肉的好味道

所用的部位，一般都是三層肉，經紅糟醃製後，再以滾油炸之，搭配薑絲同食，入口頗有風味，而且不拘冷熱，各有特殊口感。

早年福州菜盛行時，在台北多家餐館中，可嘗到上好的紅糟海鰻、紅糟羊、紅糟雞，甚至還有紅糟田雞，或炸或燉或燒，各極其妙。曾幾何時，福州菜沒落，以上的這些，已很難尋覓，想吃到好的，更戛戛其難。幸好尚有好的紅糟豬肉可食，可以稍慰吾懷。

而今的紅糟肉，多現身攤檔中，取名相當奇怪，竟以「紅燒肉」為號召，實在匪夷所思。其所用的部位，一般都是三層肉，經紅糟醃製後，再以滾油炸之，一經食客點選，即按其量多寡，隨即手切奉客，搭配薑絲同食，入口頗有風味，而且不拘冷熱，各有特殊口感。佐酒固然甚宜，與粥、飯、麵、粉（含米粉、河粉、瀨粉）等共享，亦能覺其美甚，真是無所不宜。如和白切三層肉同納一盤裡，紅白交映，色相挺佳，又很合味，乃小吃中的上品。

近赴大稻埕「太平市場」內的「阿角紅燒肉」，品嘗其古早味的紅糟肉，滋味果然不凡。肉皆當日製作，各個部位都有，早些去的，尚可吃到禁臠（即頸環肉）、裡脊、三岔等上肉。色澤嫣紅，細緻而活，加上刀章得法，非但順勢而切，甚至「割不正不『進』」，確為古風重現。此外，另點的白灼豬心、三層肉、透抽等，製作亦精，臨灶陶然而食，亦是人生一快，不覺碗盤皆空。

經典牛饌及其他

手法新穎獨特的牛小排：先將小番茄炒一個鐘頭以上，去渣存汁，再與牛小排烤完滴下的油炒勻，然後下紅酒提味，最後澆淋醬汁即成。

在我周遭的親友中，有好些人不食牛肉。期間或長或短，標準寬嚴不一。探討其中原因，有可歸諸宗教信仰者，像戒律、許願、還願等，也有因體質不宜者，有的則不食與自己同生肖者；說法莫衷一是，然而尚可理解。不過，有的人所持之理由，居然是吃了牛肉，晚上會睡不著覺；或者是一吃牛肉，渾身即不對勁，感覺有罪惡感，這實在無端摒棄上好食材。

先秦時期的牛，非但是珍食美味，而且是祭祀用品，貴為太牢之首。「犧牲」二字，就是從牛旁，其地位可想而知。當祭完神後，再祭五臟廟，真個是物盡其用了。

牛肉特有的一股「香」和摧剛為柔後的肉質，令人神往。頂級和牛如神戶、松阪、近江、米澤等，或炙或涮，甚至生食，都屬不凡。但最令我心動的，仍是體格結實，肌肉纖維較細，組織甚為緊密，色深紅近紫紅，肌間脂肪分布均勻，肉質細嫩郁香的土黃牛。近年來，這種牛在台南、金門等地皆有飼養，早已是饕客眼中的珍品。

我食牛的分水嶺，關鍵點在結識一代神廚張北和之後。在此之前，也曾吃過上品，今日思之，亦會涎垂，且在此舉些犖犖大者。

我高中剛畢業時，有段時間，寄寓在台北市安東街一教會中。安排者為死黨葉兆龍君。葉父出身行伍，自上校退役後，即在該教會工作，負責看管教產。他精通書法、國學，亦諳吐納養生之術。其時我深好文史、軍事及理學，尤愛讀《宋元學案》、《明儒學案》、《近思錄》、《呻吟語》等書，因此，常向他老人家請益及閑談，日起有功。每喫晚飯，除我們三人外，尚有一位中校退役的汪叔叔（忘其大名）共餐。他賣臭豆腐為生，能燒一手好菜，晚餐自然由他主理。他亦頗通文史，好聊軍中一切，我後來對國共戰爭有深厚興趣，即由此奠基。

汪叔叔為湖北人，鄂人最擅蒸菜，當我告別前的最後那頓飯。他不做生意，一大早就跑去市場買菜，說要燒道美味讓我品品。等到開飯時，赫然便是那一大籠粉蒸牛肉。這玩意兒當時常在些川味牛肉麵館吃到，另有粉蒸排骨、肥腸等，吃了數家，亦不見奇。汪叔叔的則不同，我看著他做，選妥上等黃牛肉，找準肌理紋路，先橫切成粗條，接著切大塊，以豆瓣醬、米粉子及少量的糖、醋、醬油拌和均勻，上籠蒸約兩小時即成。臨吃之際，再撒些花椒麵，放蒜泥及香菜。熱呼呼，香噴噴。肉鬆而嫩，鹹香夠味，端的是一食難忘。約莫十年後，「湖北一家春菜館」新張於通化街，其大廚的粉蒸牛肉，亦拿捏得宜，十分中吃，我緬懷「故」味，點食了數次，皆大快朵頤。但比汪叔叔那回所精製的，確實有所不及。等到「一家春」換了師傅，這味粉蒸牛肉與另一招牌的「謙記牛肉」皆每況愈下，令我搖頭太息。又，自十年前「一家春」歇館，再也無處下箸，只能將美好記憶，永留在內心深處。

就讀輔仁大學時，學校附近開了一家廣東飯館，名「金玉滿堂」，由於手藝出眾，吸引不少食客，我亦其中之一。而當年的那一班，濟濟多士，出了不少人物，像特偵組中起訴馬英九總統的侯寬仁、偵訊陳水扁前總統的林嘉慧等皆是。林氏才學出眾，性樂善好施，尤急公好義，絕不落人後。念大四時，為該店老闆解決一樁棘手事，老闆感恩圖報，嘉慧屢次拒絕。在不得已之下，乃拿出其絕活，準備一桌盛饌，藉以酬答一二。我與嘉慧私交極篤，自在受邀之列，於是欣然赴會，準備大啖一番。

此席水陸雜陳，道道精心製作，但印象最深刻的，反而是蠔油牛肉。這本為該店的拿手菜之一，肉片得薄，旺火速炒，柔滑而嫩，挺有吃頭。這回上的，尤其精湛。但見肉片又大又薄，刀工甚佳，舉箸之時，盤中猶「沙沙」作響，冒著小泡。吃到嘴裡，既燙，且嫩，又滑，除鑊氣外，還帶有幾許特殊的蠔油香，越吃越「香」，下酒佐飯，無一不佳。我後來在港、台各地的名館中，多次品享蠔油牛肉，竟無一家可出其右。

三十年前，台北的永康街附近，一度是美食天堂。名館有「鼎泰豐」、「高記」、「秀蘭小館」、「閤家香」、「東生陽」、「同慶樓」、「東昇陽」等，稍遠點的，尚有臨沂街的「吃客」。其時我常流連於此，或批紫微斗數，或教書法，或授面相等。行有餘力，也會和學生在這兒轉悠及享受美食。一旦談起店家的菜色，必如數家珍，能盡道其詳。其中，我最常光顧的，首推「秀蘭小館」。

那時「秀蘭小館」初張，陳設典雅簡樸，菜色家常精緻，雖然售價不菲，但因刀火功高，燉遂能獲我青睞，一再光顧不輟。初期的名菜如蔥㸆排骨、紅燒蹄膀、獅子頭、鞭尖筍雞、炒河蝦仁、紅燒黃魚、草菇豆腐等，由於去太多次，至今仍能琅琅上口，拈出精妙所在。但在諸多的菜品中，我甚欣賞其蘿蔔燉牛肉或牛筋。此菜火候獨到，肉鬆軟而酥透，筋則Q爽彈牙，牛的鮮汁悉入蘿蔔之中，蘿蔔的清甜則與筋、肉交融，肉固然佳妙，而蘿蔔的滋味，尚在肉之上，好到一食忘俗，讓人齒頰留香，每每不能自休，吃到奮不顧身。可惜該館自開分店後，品質已然下降，售價居高不下，近二十年不復去矣。所幸天無絕人之路，在我居住的永和左近，開了兩家滋味不凡的小館，一在文化路，另一位於國光路，他們皆擅燒蘿蔔燉牛肉，路數不同，各臻其妙。使我樂在其中，往往不能自拔。

前者為「上海小館」。店家從本幫路線外，另闢蹊徑，繽紛多采，美不勝收。所燒的蘿蔔燉牛腩，帶有上海弄堂風味，肉糜筋透鮮藏，雖微存牛腥氣，但不掩其甘香，常一塊接一塊，咀嚼再順喉入，深得食肉之樂。後者乃「三分俗氣」，老闆為風雅人，菜則絕不媚俗，好似老闆娘般，在落落大方中，纖細精巧有之，知味識味之客，無不奔走其間。店家在燒製蘿蔔燉牛腩時，先從選料入手，筋肉比例適當，接著砂鍋燒透，火候精準得宜。其味帶有番茄，色澤深紅而豔，細品蘿蔔與肉，總能恰到好處，而且老少咸宜。此外，店家的豆乾炒牛肉絲及蘿蔔絲燜炒牛肉絲，俱刀火兩絕，一乾香一柔嫩，取此佐酒下飯，足以回味再三。

而在我所認識的千百廚師中，張北和無疑是能推陳出新，妙得真諦的第一把手，擅燒太牢（牛、羊、豬）之味，堪稱並世無雙。牛落在他手上，無論煎滷熬煮，均能變化萬千，讓人目不暇給，而且嘖嘖稱奇。一般人所嘗的，絕非親操刀俎，執此論述其能，可謂瞎子摸象，殊不得要領矣。

張氏所治牛肉，名噪海峽兩岸。以下所列舉的，只是其中頂尖者，分別是他自豪的水鋪牛肉、麻辣牛肉及牛小排筍尖，各具其美。其他的妙品，則因囿於篇幅，在此就不一一細表了。

水鋪牛肉原是漢口川菜名館「蜀腴」的看板菜。據說是店老闆劉河官向家裡老僕學的。此菜的製法是：先將兩分肥八分瘦的嫩牛肉，「別筋去肥，快刀削成薄片，芡粉用紹酒稀釋，加鹽糖拌勻，放在滾水裡一涮，撒上白胡椒粉就吃，白水變成鮮而不濡的清湯，肉片更是軟滑柔嫩」，已故的美食大家唐魯孫曾說過這「比北方的涮鍋子又別具一番風味」，而且是張大千的「大風堂」名菜之一。

說句實在話，水鋪牛肉這道菜，肉須選得精，片也要切得薄，作料要調得恰當，水的熱度更關係著肉的老嫩，看起來簡單，想恰到好處，確戛乎其難。張氏並未嘗過，僅憑唐魯孫、張佛千等人轉述，不時加以揣摩，終而悟出道理，專用牛肩胛肉，以純熟的刀法，切成舌狀薄片，採取現鋪旋撈，掌握火候口感。記得有次在「上海極品軒餐廳」用餐，當天名士雲集，有張佛千、陸鏗、逯耀東、劉紹堂、袁睽九（筆名應未遲）及我等二十位，北和特地做個水鋪牛肉三吃，並自個兒在餐桌旁以瓦斯爐現吃現燙，計有原味、薑絲及麻辣三種，其味之佳，至今思之，猶津液汩汩自兩頰出，謂之盡美矣且盡善矣，絕非徒托大言。

原味首先端出。大夥兒對其色白勝雪的美感及清爽柔潤的口感，連連喝采，一下箸即盤空，還有人不相信這是牛肉哩！自然頻頻叫添。再上盤同樣的，但有些許變化。原來張氏為了方便大家嘗點另類滋味，表示既可用之與其獨門漬薑絲送口，亦可蘸其自研的黑胡椒粉同享。結果一經調和後，肉香越探越出，滋味則無窮無盡，廢箸而歎者，頗不乏其人。最後則嘗麻辣口味，重麻微辣，喉韻甚佳，適口兼且充腸。接連三牛薦餐，果然非同凡響，勾起大家饞涎，啟動所有味蕾。有人慨歎地說，牛肉而能如此，不愧大師絕活。

我還吃過他另一種更奇特的，以火鍋的方式呈現。它是用鮑魚、老雞、黃豆及黑糯米熬出的湯頭做底，鍋內僅置六隻斤把重的大鮑魚，隻隻偉碩，真有看頭。吃法尤令人咋舌，竟是將上好牛肉片，平鋪在鮑魚之上，吸取其中的精華，甫熟即入口，真有妙滋味。又為求爽潤，另涮柳松菇，尤相得益彰。待食畢牛肉，即連同鮑魚撤鍋。共品的食友張志明律師，極精飲饌，號稱全南台灣最懂吃的人，引領我品嘗嘉義以至屏東的精采食肆無數。他從未見識這種吃法，不禁脫口而出：「真是太神奇了，乃生平所僅見。」

麻辣牛肉淵源自燈影牛肉。燈影牛肉大有來頭，據說與唐代詩人元稹有關，這當然是無稽之談。不過，它薄到能在燈影下照出物像來，倒是有口皆碑，曾在一九三五年成都舉行的花會上，獲評比為甲等獎，名噪一時。

張氏於燈影牛肉的透明如紙、色澤紅亮、香甘麻辣的特點外，另出機杼，肉切得小而薄，先醃漬入味，再蘸胡椒粉及辣油，置炭火上烤炙。肉質變化層出，其「觸」感為外酥裡嫩、脆而不硬，咀嚼之後，甘香盡出，令人驚豔。我一共嘗了三次，一直震於其火候拿捏之準，允為觀止。

台塑牛小排在國內大受歡迎，「聯一」倡之於前，「王品」繼踵於後，至今仍為招牌。然而這種以大蒜和調味醬壓味的料理方式，絕難體現出牛小排獨有的美味。前「歐美廚房」的趙福興師傅，手法新穎獨特。他先將小番茄炒一個鐘頭以上，去渣存汁，再與牛小排烤完滴下的油炒勻，然後下紅酒提味，最後把此一味醇質醰的醬汁，澆淋於烤妥的牛小排上即成。肉質酥脆帶腴，醬味甘冽清正，兩者搭配而食，蘊藉且有深味，一旦嘗過，勢必難忘。

趙師傅的牛小排固然妙絕一時，猶守西式做法，換句話說，還不夠「本土」。張北和在牛小排方面，不循故轍，直接翻新。一用炭火烤炙，另一用原味滷透。前者於加糟增香外，另以桂竹筍尖搭配，肉香筍嫩交織，確為完美組合；後者純賞滷味，脂濃肉腴卻不腥不臊，且配以孟宗竹筍，一滑腴，一爽脆，皆絕妙。而在享用之際，佐以白乾、老酒，那股痛快勁兒，誠非筆墨所能形容。

美味的牛肉，細數不盡。我還嘗過「二八工作室」徐老闆的佛手牛腱，那也是等閒不易吃到的珍饌。整道菜以大白瓷盤托出，牛腱蒸至爛透，先批成數片，再合攏如初，像極佛手瓜，故取以為名。黃芽白數莖，齊整列其側，汁則清如水，微鹹但鮮美，稍咀嚼立化，舌底即生津，食味一級棒，真可稱尤物。可惜充外敬，君如非熟客，只好盼奇蹟，始一膏饞吻。

末了，台灣的客籍人士，一向善烹「全牛宴」。經追本溯源後，原來廣東人食牛已有千餘年的歷史，早在唐代中葉，其烹牛之法，早名聞遐邇。《嶺表錄異》記：「容南土風，好食水牛肉。凡每軍將有筵席，必先此物，或炰或炙，盡此一牛。北客到彼，多赴此筵。」我個人也是全牛大餐的支持及愛好者，由北到南，從本島到外島，可是吃了十來次，閱歷頗豐，故能說得出個所以然來。

在我印象中，全牛大餐以用水牛肉最佳，黃牛次之，進口牛再次之。而今水牛銳減，只能徒呼負負。近日所食而佳者，僅「新莊牛肉大王」而已，然已無水、黃牛。其主庖的徐月玲小姐，在傳統之外，以養生訴求。雖淡而不薄，清亦可怡人。當下北風起兮，先來個牛肉鍋，涮著牛肉吃，再點些牛饌，就著白乾嘗。登時全身暖，心胸次第展。這等豪情快意，也就盡在不言中了。

熱氣羊肉初體驗

大陸所謂的「熱氣」，即是台灣的「溫體」，宰畢臠割，現片而食。佐食的薺菜腐皮包極佳，菜蔬則以大白菜、茼蒿為主，鮮青帶香。

涮羊肉是我的最愛之一，猶記得早年的「山西館」，便以此餚見長，每屆寒風起兮，食者絡繹於途，一進餐廳裡頭，炭煙味兒四竄，熏得泫然欲淚，但見桌桌起烽火，饕客紛紛涮羊肉。頗好此道的我，處此氛圍，難以自制，經常報到。自「山西館」歇業，鮮嫩羊肉難覓，偶食冷凍羊肉，機器現片，捲成筒狀，紅白相間，色相雖佳，嚼來有渣，不是那個味兒，常會廢箸而歎。

上海的「洪長興羊肉館」，最早在滬上經營涮羊肉，時約一九二〇年。起初，當地人並不時興吃，只有少數京劇藝人和回民前來問津。過了十年後，北方來滬客商激增，店家特聘北平名廚一批，一切道地製作，贏得食客口碑，每到冬天，食客盈門，應接不暇。現已改成國營，裝潢更加亮麗，吸引大批遊客，顯然是吃熱鬧。

既已來到上海，正遇首道鋒面，氣溫驟降，適宜食羊。友人倡議去「洪長興」涮個羊肉吃。我曾讀唐振常的《品吃》，上面寫著，該店的涮鍋之食，「竟是海鮮壓倒羊肉」，心想還是吃別家吧！於是改去其附近平民味小館——「月圓火鍋」。它只賣涮羊肉，而且是現宰的，店招為「熱氣羊」，我至此方明白，大陸所謂的「熱氣」，即是台灣的「溫體」，宰畢臠割，現片而食，師傅四人，手不停揮，供不應求，足見盛況。

我們一行人，先食「大三叉」、「小三叉」，再吃「上腦」、「黃瓜條」，由爽轉嫩，其鮮無比。佐食的薺菜腐皮包極佳，連吃三盤，意猶未盡；菜蔬則以大白菜、茼蒿為主，鮮青帶香。真個是涮涮樂，沉浸在氤氳中，不知今夕何夕。

炎夏妙品
梨炒雞

取雛雞胸肉切片，先用豬油三兩熬熟，炒三四次，加麻油一瓢，芡粉、鹽花、薑汁、花椒末各一茶匙，再加雪梨薄片、香蕈小塊，炒三四次，即可起鍋。

打從七月起，台灣即進入水梨的旺季，名聞遐邇的豐水梨、新興梨及三星上將梨等相繼上市，愛吃梨的朋友，無不引頸企盼，準備大飽口福。

以梨入饌，始於雲南。據說清初吳三桂率三路大軍攻打昆明，抵禦的南明晉王李定國退守至市郊的呈貢縣一帶，軍中乏食，一農婦得知後，將家中的仔雞宰殺，欲送給李定國食用，但又怕不夠，便順手從院中的梨樹上摘下十幾個寶珠梨（此梨係雲南高僧寶珠和尚引種培育而成，因而得名。其皮色頗青翠，果肉雪白細嫩，汁多味甜，食後無渣，且樹不甚高，舉手可得），然後將雞、梨切丁合炒成菜。李定國食罷，覺得脆嫩香甜，不禁大讚好吃。其後，李定國自滇西反攻昆明，招撫百姓復業。一日，偶想起前些時日吃梨炒雞的滋味，忙命部下尋找那位農婦回營。兩人在敘談時，李定國便問當年吃的菜叫什麼名，農婦不假思索，回說叫寶珠梨雞。

此菜後來傳至江南，美食家袁枚將之收錄於《隨園食單》中，文云：「取雞雞胸肉切片，先用豬油三兩熬熟，炒三四次，加麻油一瓢，芡粉、鹽花、薑汁、花椒末各一茶匙，再加雪梨薄片、香蕈小塊，炒三四次，起鍋盛五寸盤。」並說無梨時，可用荸薺切片代替。

為《隨園食單》演繹的大陸特一級廚師薛文龍指出：「此梨最好選用著名的萊陽梨和碭山的黃酥梨。而在製作時，嫩生雞脯先剔去皮筋，切薄片，放入容器中，加鹽、雞蛋清、芡粉拌和。梨則去皮核，切薄片，並要防止它變色。」

接著把鍋上火燒熱，加素油，俟微熱，即將生雞片入鍋速炒倒出，瀝去油。原鍋再加入麻油、梨片、香菇絲及調味料（鹽、紹興酒、薑汁）。雞片以旺火翻鍋速炒，再加花椒末，起鍋裝盤即成。

此菜黑白分明，既鮮且嫩，具有甜、香、鹹、麻、脆等特色，食之齒頰留香，尤宜夏日享用。目前雲南的寶珠梨炒雞丁在用料上，與江南的有所出入，花椒改成蔥段，香菇絲換成火腿丁，芡粉則專用蠶豆粉，色相更美，滋味有別，已成雲南最受顧客歡迎的特色名菜之一。

至於台灣的豐水梨、新興梨及三星上將梨等名種，香甜多汁，肉白質嫩，亦適合製作梨炒雞。您想換換口味，值新梨上市之際，應是不二選擇。

暢飲雞湯元氣足

以黃色的仔雞，切成寸許之塊，加上黃酒一盞，密封蒸四五次，雞就可以出汁，食罷轉弱為強，兼且大補元氣。

國人愛補尚補，從古至今，莫不如此。而要進補，最便捷的，莫如雞湯，尤其是老母雞湯。而今相沿成習，可謂其來有自矣。

大抵言之，禽獸之肉，不論其鮮味或補力，雞總排在首位。其滋補力之大，甚至超過羊肉，不但以其血肉之質來填補人的血肉之軀，而且可以補氣。此一中醫所謂的氣，指的應是存活體內的一種動力，其中之精奧，乃西醫所不能理解的。

究其實，人身最基本的動力，出自心肌細胞，以及全身各臟器細胞所蘊蓄的活力，它是一種天賦的力量，號稱「元氣」，一名「先天之氣」。而人體天稟的強弱，即由這種原動力的強弱來決定。它既能賦予細胞的活力，臟腑的機能，腦神經的智慧與運用，且此一元氣自人出生後，便須藉由食物與呼吸，不斷加以補充，使其不虞匱乏，避免疲勞衰竭。

能直接補益元氣的，在植物中，唯有人參；而在動物方面，則非雞汁莫屬。一旦飲用雞湯，頓覺胃口大開，全身精力充沛，其原因即在此。所以自古以來，便以雞為補氣良品。如以化學分析，雞所含的成分，也不過是脂肪、維生素及多種礦物質等，並不特別突出。然而，在吃完雞肉後，便與別的走獸之肉不同，有補氣益血之功效。難怪俗諺云：「寧吃飛禽四兩，不吃走獸半斤。」並譽雞肉為營養之源，其推重可知。

在雞隻中，仔雞肉嫩，其內的筋腱，乃是容易消化吸收的膠原蛋白，除蒸、煨之外，適合以爆、炒的方式成菜。老雞則不然，其筋腱為難以煮爛的結締組織，用之於煲或燉，所含的氮浸出物，遠比仔雞為多，味道因而鮮美，營養悉入湯中，自然補益倍增。此外，生過蛋的老母雞，其肉質硬而韌，食味本就不佳，用牠久燉取汁，即在物盡其用，符合經濟效益。

取雞汁尚有一法，此乃《食療本草》上所說的，「雞汁大補元氣」，以黃色的仔雞，切成寸許之塊，加上黃酒一盞，密封蒸四五次，雞就可以出汁，食罷轉弱為強，兼且大補元氣。是以中國婦女在產後及年老衰弱、病後虛損，無不力倡吃雞，尤其講究雞汁。若論兼補氣血，肯定食品之冠，保證受益無窮。

飛龍上桌
采頭好

飛龍加熱之後，肉色會轉白，須注意配色，又因其肌肉，含脂肪甚少，遇熱會收縮，致老韌乏味，故凡用烤、炸等法烹飪，須加糊或以紙包，以防失水。

常聽俗話說：「天上龍肉，地下驢肉。」關於龍肉，自來即有二說，其一是反襯手法，藉不存在的龍肉，烘托驢肉之佳妙，好吃到並世無雙。其二則直指飛龍，認為此一野味珍品，其肉泛紫，細嫩鮮美，滋味之棒，足以和驢肉相提並論。

又稱樹雞、棒槌鳥的飛龍，主產於中國的黑龍江省、內蒙古的大興安嶺一帶和吉林等地森林中，為松雞中的佼佼者。全球的松雞共有十八種，廣泛分布於歐亞大陸的北部及北美洲的林區內。比較有意思的是，在北美的松雞，其雄雞能全身的毛豎立，渾身抖動不已，不斷拍打雙翅，在原地旋轉，並發出啼聲，其他雄雞見狀，也會亦步亦趨，踏著整齊步伐，邊叫邊跳不止。很多的印地安人部落，其獨特的舞姿，便是仿此而來。

喜歡出沒於樺林、柳叢中的飛龍，食性廣泛，無論是喬木、灌木、藤本、草本植物的嫩芽、花果，或者是菌類、苔蘚、昆蟲等，都是牠覓食的對象，尤其愛吃人參籽、松柏籽和草籽。其胸脯特別發達，約占體重的一半，肉質細嫩鮮美，煮湯滋味特佳，雖然稍嫌平淡，切莫踵事增華，有人在獻藝時，居然大費周章，在特製湯鍋內，輔以鹿筋、松蕈、口蘑、猴頭、火腿等料，即使味道鮮爆，但未突出主味，實吃不出個所以然來。

以飛龍入饌，因其肉色紫，宜先入清水，泡去其血質，至呈現粉紅色再用。而在烹調時，以加熱之後，肉色會轉白，須注意配色，又因其肌肉，含脂肪甚少，遇熱會收縮，致老韌乏味，故凡用烤、炸等法烹飪，須加糊或以紙包，以防失水。而用炒、爆、炸、燴、汆、涮、扒等方式烹調時，應旺火快速加熱，或成菜事先拍粉、上漿，使其保持鮮嫩。目前黑龍江省已研發出多款飛龍佳餚，例如「紙包飛龍」、「串烤飛龍」、「參泉美酒醉飛龍」、「漬菜美味飛龍脯」、「汆三鮮飛龍湯」、「烤飛龍脯」及「油潑飛龍」等，燒法多元，別具滋味。如果想要進補，倒是可以考慮其「五加參飛龍酒鍋」，滋陰活血，大補元陽。

飛龍的近親松雞，亦是公認的美味，文學家如巴爾札克、契訶夫等，均推崇備至，英國人尤視作珍寶。只是他們的吃法，還真有點怪，類似中國人的製風雞，卻又不宰殺放血。其手法乃整隻連毛吊於通風處，先吹個幾天，再取下整治，褪毛去臟，或燴或烤，據說吃起來有股霉香味，甚似發酵過的鹹魚，嗜之者趨之若鶩，惡之者掩鼻而走。

而飛龍的下水，亦是珍味所至，尤其肝臟絕佳，遠非雞肝可比。有人便打趣說：「古人最重龍肝鳳髓，鳳髓無從覓食，飛龍之肝，則是極品。」此一攀比，或恐逾實。不過，飛龍肝想要單獨成菜，勢必要用好幾隻才夠，準此以觀，其珍貴程度，非肉可及也。

飛龍薦餐好滋味

如果只是燉個清湯，整隻、切塊都行，湯汁清澈見底，具有獨特鮮香，越探而滋味越出。因油脂較少，有人嫌其味寡，配以雞、火腿等料，藉以增味增鮮。

飛龍非龍，而是一種野味，屬鳥綱雞形目松雞科，學名為花尾榛雞。自古即是貢品，其味之美，無與倫比。

雞，諧音「吉」，寓意吉慶。所以每逢春節，人們都少不了買雞。大陸傳統的年畫，更常以雞為題材，張貼雞的年畫，剪裁雞的窗花，象徵滿屋吉（雞）利。而年三十那頓年飯，習慣上雞魚同桌，取吉（雞）慶有餘（魚）的吉兆。這種千古遺風，至今仍承其緒。

曾被列為黑龍江省三類（現為國家一級）保護動物的飛龍，雖有些地方試行人工飼養，以食材難得，不太可能入尋常百姓的餐桌，因而春節在家受用，應是不可能的任務。不過，滋鮮味美的飛龍，一向是席上之珍，究竟長什麼德性，味道又如何好法，且在此娓娓道來。

基本上，飛龍和松雞一樣，上體呈煙灰色，具有棕或黑色大形橫斑，冠羽短而明顯，有一白色寬帶，由頰部延伸至肩部。其喉黑色，尾羽青灰色，中央二枚褐色，具黑色橫帶，跗蹠羽灰白色。眼栗紅色，喙烏黑，短強而鉤曲，眼瞼則紅色。軀幹近似家鴿，個頭雖不大，但胸腔甚偉。性善奔走，常隱樹上，起飛時撲撲作響，兩翅平伸滑翔，姿態十分優美。又愛群居，每每雌雄成雙，很少遠離，故有「林中鴛鴦」之美稱。而牠之所以得名，則因飛行時，如同鴻雁般，排成一字形，其狀似長龍，遨遊天際間。

品享飛龍，最宜燉湯。關於此點，《黑龍江志稿》上記載：「江省歲貢鳥名飛龍者，斐耶楞古（滿族語音譯）之轉音也，形同雌雉，腳上有毛，肉味和雉同，湯尤鮮美，然較雉難得……。」我有位父執輩，甚愛捕捉野雉，早年住基隆時，家旁大片樹叢，常見野雉蹤跡。約在三十年前，每逢星期假日，他便大顯身手，捉個半打以上，以其半送咱家。家母都是燉湯，我至少吃一隻。湯果然甚鮮美，肉則較硬而韌，幸虧齒力甚佳，可以輕鬆對付。

飛龍湯鍋，餚美器精，一直是中國國宴中款待貴客時，不可或缺的重要嘉饌之一，像尼克森、施亞努親王、金日成等人都曾享用過，頗受好評。如果只是燉個清湯，整隻、切塊都行，湯汁清澈見底，具有獨特鮮香，越探而滋味越出。畢竟油脂太少，有人嫌其味寡，配以雞、火腿等料，藉以增味增鮮。我則獨愛其清雋綿長，老想能一食沖天。

驚人補益烏骨雞

清燉烏骨雞製法：將雞宰殺治淨，從翅膀下開一小口，掏出內臟，洗淨，以滾水略焯，放入砂鍋內，雞頭、雞腹朝上，注入清水，用文火燉爛，加鹽調味即成。

十歲前住員林，前後共有四年。家在法院後面，前有一大池塘，四周青草茂盛，左右皆為稻田，後方則是竹林，有溪緣畔而行，水流甚是湍急。時住日式房舍，院子還真不小，種些果樹、絲瓜，一派田園風光。家中飼有雞鴨，每週宰殺一隻，吃得好不痛快。起先所養的雞，不外九斤黃、來亨雞及土雞之屬。有年夏天，來了一批嬌客，體型比一般雞小，乃天生反毛簇起的白毛烏骨雞。瞧其可愛模樣，時常逗著玩玩。當時年紀還小，不知牠的名貴，原來此雞有龍頭鳳尾之美譽，詩聖杜甫曾賦詩云：「愈風傳烏雞，秋卵方漫喫。」可見人們食用烏骨雞，由來已久。

烏骨雞為珍貴的藥用雞，又稱泰和雞、武山雞、絨毛雞、黑腳雞、羊皮雞、烏雞和白雞等。古人歸納其特徵有「十全」，即紫冠（複冠）、纓頭（毛冠）、綠耳、有鬚、五爪、毛腳、絲毛、烏皮、烏骨及烏肉。且眼、喙、內臟、脂肪均為黑色，為中國江西泰和縣的特產，集觀賞、滋補與藥用於一身，曾遠銷至東南亞市場，一直是國際市場的搶手貨，遠近馳名。

西方第一個記載烏骨雞的人，是以遊記著稱全球的馬可孛羅，他指出：「幹朵里克旅行福州時，謂其地母雞，無羽而有毛，與貓皮同，肉黑色，宜於食。」清朝時，江西地方官涂文軒進京，帶烏骨雞進貢，乾隆食後大悅，從此列為貢品。據近人研究，謂烏骨雞的雄性荷爾蒙特別旺盛，因而可作婦人更年期，或少女發育不良的治療藥品。其中，又以「雞舌黑者，則肉骨俱烏，入藥更良」。而這個成藥，最有名的則是烏雞白鳳丸，療效顯著。

如果用牠食補，南方民間舊俗，每屆冬令時節，每日必吃一隻，清燉之後食用，不但補益婦人，也能補益男子。尤其主治虛勞羸弱，老人最宜常享。

清燉烏骨雞是道江西名菜，在製作之時，將雞宰殺治淨，可從翅膀下開一小口，掏出內臟，洗淨，以滾水略焯，放入砂鍋內，雞頭、雞腹朝上，注入清水，用文火燉爛，加鹽調味即成。亦可從背脊剖開，入沸水略焯，再放砂鍋中，加薑、紹酒、精鹽、清水，以大火燒沸後，轉用小火燉至雞肉酥爛、湯濃郁即成。

姑不論何法，其特點皆是湯鮮肉嫩，滋補健身，對虛損等症，具一定食療功效。

家母的清燉烏骨雞，會加花菇，汁更濃醇。有時則整雞在治淨後，先用鹽塗抹內外，再放入電鍋中，加兩杯清水蒸，皮爽肉嫩湯醰，放懷大啖，不亦快哉！

清代名醫王士雄認為烏骨雞「滋補功優」，《本草綱目》則具體指出：「烏骨雞甘平無毒。起補陰補腎，益助陽氣，益產婦，治女人崩中帶下，消渴中惡，治心腹痛。」不過，牠也不能多食，會「生熱動風」，足見過猶不及，乃千古不易之理。

味怪肉嫩 棒棒雞

棒棒雞是用煮熟的雞絲拌以麻、辣、甜、香等複合味的調料製成，烹製簡單容易，因而廣為流行，並與「怪味花生」一味，同享盛名迄今。

所謂怪味，乃四川首見並常用的味型之一，以鹹、甜、麻、辣、酸、鮮、香並重著稱。多用於冷菜。非但集眾味於一體，而且各味平衡，卻又十分和諧，因難形容其美，故用一個「怪」字，既囊括其滋味，亦褒其味甚妙。

怪味味型的菜，它的烹製方法：主要以川鹽、醬油、紅油、花椒粉、麻醬、白糖、醋、熟芝麻和香油等調製而成。亦有別出心裁，另加入蔥花、薑米、蒜末、味精等的。其調製的手法，要求比例恰當，彼此互不壓抑，而且相得益彰。

一名「怪味雞絲」的「棒棒雞」，無疑是川菜中習見的冷盤菜之一，又稱「棒棒雞絲」。由於它只是用煮熟的雞絲拌以麻、辣、甜、香等複合味的調料製成，烹製簡單容易，因而廣為流行，並與「怪味花生」一味，同享盛名迄今。

此菜源於樂山市的漢陽壩。據說在抗戰前，駐紮此地的某師長非常好吃，且吃膩了山珍海味和大魚大肉，想換點新鮮的花樣吃。當地一名叫張天棒的廚師，為了滿足這位師長的口腹之欲，便挖空心思，從自己的名字得到啟發，潛心研究了一款雞菜，前所未見，新穎別致。

原來他選用肥嫩去勢的公雞，經宰殺整治完畢後，將洗淨的雞脯肉、雞腿肉放入湯鍋內，約煮個十分鐘，至肉熟即撈出，晾涼後，再用小木棒輕捶，務使肉質鬆軟，然後把雞肉撕成細絲，逐一放在盤內，接著蔥白切絲，均勻放在雞上。另外取碗一只，放入香麻油、辣椒油、芝麻醬、花椒粉、白糖、口蘑醬油等，調成味汁後，即淋在雞絲和蔥白之上。

師長吃罷，覺得雞肉鬆嫩絕美，不但色、香、味、形俱佳，而入口麻、辣、鮮、香，微帶回甘的味道，更是滋味無窮，的確味美獨特。忍不住拍案叫絕，命張天棒天天製作，用來佐餐下酒，吃得不亦樂乎。

自該師移防後，張天棒便在該地開了一家專營「棒棒雞」的小食肆，由於滋味甚妙，天天食客盈門，名氣逐步打開。進而成為四川中部樂山市和川東重鎮達縣的知名食品，尋鮮逐異之人，絡繹不絕於途。

此菜傳往成都後，名廚再加以改進。除了沿用舊法，先以木棒敲擊斬雞肉的刀背，使肉成塊均勻，接著用麻繩緊纏白煮，待雞煮熟後，改用木棒輕輕拍鬆雞肉，目的在讓它更易入味，細嫩適口。又，海派川菜在上海盛行時，名館「四川飯店」亦備此饌，其辣中帶甜、肉嫩而細的滋味，風靡十里洋場，號稱「味美無比」，吸引不少饕客，蔚為一時風尚，可見味有同嗜，足為食林生色。

「棒棒雞」還有一種甚饒別趣的吃法，那就是取烙好的斤餅一張，將成品以匙舀入其正中，捲好之後，張口大咬，一再咀嚼。鮮美之味盡釋，充分逗引味蕾，真是不亦快哉！

東門當歸鴨一絕

以當歸、熟地、肉桂、茯苓、白朮、枸杞、川芎、黃耆等熬煮成藥汁，光鴨先雞高湯內煮到九分熟取出，接著置於藥汁中，以熱水間接煮透的方式入味。

當歸鴨是府城台南的著名小吃，以湯色黃褐、香味撲鼻、鴨肉軟爛和湯味鮮濃著稱，由於美味及食療兼備，甚受人們喜愛，因而風行寶島南北，成為全台各地經常現蹤的風味小食之一，每值秋冬時節，嗜者趨之若鶩。

台灣的民眾本重食補，故藥膳在其飲食上，一直是重要的一支。時當二十世紀四〇年代，中醫師薛騫為改善體質，在精心研究下，選用二十幾種中藥材調配，久熬成汁，再將之融入食品中，食罷有活筋骨、行氣血之功，加上藥性溫和，即使炎炎夏日，進食調養亦宜，成為家傳藥膳。

其後第二代的薛新發，以父傳祕方與肥鴨結合，推出一款新食，此即目前仍活躍並馳名四遠的「當歸鴨」。起初只是用手推車在原東門圓環販賣，但因以真材實料製作，加上風味出眾，贏得饕客讚譽，盛名迄今不衰。

而今的「薛師傅當歸鴨麵線」，落腳於府前路，由第四代的薛春雲與其夫婿經營。保留原始風味，仍用當歸、熟地、肉桂、茯苓、白朮、枸杞、川芎、黃耆等熬煮成藥汁，同時為提升風味，光鴨先雞高湯內煮到九分熟取出，接著置於藥汁中，以熱水間接煮透的方式入味。其成品妙在油花晶瑩、湯色赭紅，清甘有韻，回味悠長，頗能誘人饞涎。

近些年來，店家提升檔次，純用鴨腿，以增咬勁，搭配紅麵線，口感更佳。澆淋獨門的中藥泡酒，遂成就其完美句點，堪稱經典之作。

自當歸鴨麵線在幾十年前做出名後，吸引不少業者跟進，有些不肖人士，為了節省成本，獲致更大利潤，竟用黑糖替代熟地、肉桂等藥材，以致湯汁濃黑偏甜，從而難識其真滋味，食補之功亦減，讓人扼腕不已。

在府城與「薛師傅當歸鴨麵線」並稱一時瑜亮的，則是開業近一甲子的「松竹當歸鴨麵線」。後者低調經營，聲名雖不甚響亮，但知味識味之人，無不奔走其店，只為一膏饞吻。

「松竹」的藥材用量與煮法，比起「薛師傅」的，可謂異曲而同工。製作之時，整治好的光鴨與藥材滾煮一小時後取出，藥材繼續熬煉，約二小時後，熟地將湯汁熬成黑亮色澤，當歸的清鮮味亦隱隱浮現。接著再將全鴨切成十四塊，食客則依己好，點選想吃部位。而在臨吃之際，鴨肉入湯增溫，順勢下紅麵線，兩者同納一碗，吃得不亦樂乎！

「松竹」另一絕活為「鴨米血」（即鴨血糕），細密軟綿，不論蘸醬食，或與鴨湯共品，皆有獨到風味，品嘗當歸鴨麵線而未食之，此遺珠之憾，真非同小可。

《日華子本草》一書指出：當歸可「治一切風，一切血，一切勞，破惡血」。《食物本草備考》則認為鴨子「補虛乏，除體熱，和臟腑，利水道」。看來想要一食而竟全功，非吃當歸鴨莫辦。

紫酥肉味賽烤鴨

享用紫蘇肉時，佐以大蔥段、甜麵醬、荷葉夾、片火燒，風味尤佳。而此一吃法與烤鴨雷同，故向有「賽烤鴨」之譽。

天母「金蓬萊」的排骨酥，早年我一吃即愛上，每回前往天母，有機會即品嘗，此味酷似羊肉炸焦（即鍋燒羊肉），金黃帶紫，香氣濃郁，微韌酥爽，且帶甘嫩，滋味著實不凡。其實，這道菜的本尊，出自王侯之家，經歷西狩之變，頗富傳奇色彩，諸君品享之餘，實應知其由來。

紫酥肉又稱「小燒烤」，是河南開封的傳統名菜，由於在享用此肉時，佐以大蔥段、甜麵醬、荷葉夾或火燒，風味尤佳。而此一吃法，與烤鴨雷同，故向有「賽烤鴨」之譽。

明永樂年間，成祖封第三子朱高燧為趙王。趙王開府後，府內一侍妾聰慧絕倫，且琴棋書畫及烹飪女紅無一不精，倍受趙王寵愛。她知悉趙王久居北方，嗜食燒烤，乃潛心研製一款迥別於昔的烤肉菜，獻給趙王享用。趙王食罷大樂，乃問此菜何名？侍妾因調料中有紫蘇，笑稱此為「紫蘇肉」。此法後由王府廚師承襲下來。幾經改進之後，已不再用紫蘇作調料，只是取其同音，另稱為「紫酥肉」。

公元一九〇一（辛丑）年，慈禧太后與光緒帝自西安回鑾北京時，為示悔過之誠，曾有一條不成文的規定，即沿途各府、州、縣接待隨駕大員，「只送全席一桌，不送燒烤（滿漢席均以燒豬、烤鴨為大菜）」（見《庚子西狩叢談》）之類的菜肴。然而，依照當時習俗，沒有燒烤品件的筵席，的確稱不上「全席」，反而使有心巴結的地方官員煞費苦心，吃力又不討好。

當鑾駕抵達開封府時，皇差局的管廚（相當今日的行政主廚）孫可發便以紫酥肉代替燒烤品件，受到隨駕大臣慶親王奕劻的讚揚，河南巡撫松壽大喜，隨即頒下賞銀，孫遂名利雙收。此菜因而聲名大譟，一直流傳至今。

製作紫酥肉時，先取豬肋條肉一段，從中切塊，用木炭把肉皮烤焦，再刮去焦皮，以清水洗淨，放入鍋內煮透撈出。接著以花椒、蔥段、薑片、醬油、精鹽等碼味，蒸熟晾涼後，即用溫油（四、五分熟）浸炸，約十分鐘撈起，隨即在肉皮上抹一層醋，然後用七、八分熟的油將肉皮炸酥，如此反覆數次，直到肉色呈棗紅色，即可切成厚片，裝在盤內供食。

若簡化其部分手續，以排骨代肋條，再製作成羹狀，就是南台灣著名的小吃排骨酥湯。炎炎夏日，取此與蘿蔔塊共煮，上撒些許香菜，湯汁微甘，香氣甚濃，確是消暑雋品，能使人神清氣爽，再配個滷肉飯或肉粽吃，即可打發一頓，倒也自在逍遙。

如果胃納不大，在排骨酥湯內，可直接下油麵、米粉或冬粉，搭配之妙，悉聽尊便。簡單吃個一餐，只要烹飪得法，亦能齒頰留香，滿足賦歸。

蒸透的鵝超好吃

用鹽三錢，擦整鵝腹內，塞蔥一大把，用蜜拌酒，塗滿全身；鍋中一大碗黃酒、水蒸之；用竹箸架鵝，不使近水。燒盡山茅二束後，將鵝翻身，再用茅柴一束，燒盡為度。

想要鵝肉好吃，必先飼養得法。一般而言，「白鵝食草，蒼（即灰）鵝食蟲」，不過，河南固始人飼養鵝時，必用熟飯餵食，「故其肉甘肥」。而在宰鵝後，即宜破腹去臟，如「經熱水燙過，然後破腹，則臟氣盡陷肉中，鮮味全失矣」。（以上見清人童岳薦的《調鼎集》）

既有好鵝肉，且整治得法，該如何享用？我個人以為，蒸來吃最好。而蒸鵝之法，首載於元人倪瓚寫的《雲林堂飲食制度集》。倪瓚號雲林，是當時知名的書畫家，也是一個大美食家。書中的燒鵝法，甚得清代才子袁枚的激賞，除了把它收錄在《隨園食單》裡，並演繹其燒法，更名為「雲林鵝」。

「雲林鵝」的做法為：「整鵝一隻，洗淨後，用鹽三錢，擦其腹內，塞葱一帚（即一大把），填實其中，外將蜜拌酒，通（即全）身滿塗之；鍋中一大碗酒（須用黃酒）、一大碗水蒸之；用竹箸架之（此乃懸空蒸法），不使鵝近水。灶內用山茅二束，緩緩燒盡為度。俟鍋蓋冷後，揭開鍋蓋，將鵝翻身，仍將鍋蓋封好蒸之。再用茅柴一束，燒盡為度。柴俟其自盡，不可挑撥。鍋蓋用綿紙糊封，逼燥裂縫，以水潤之。起鍋時，不但鵝爛如泥，湯亦鮮美。」顯然入口即化，而且原汁原味，會不好吃才怪。

祇是現代人那有閒工夫這樣去蒸鵝！即使偷得浮生半日閒，環境和炊具也不合宜。看來想吃類似的滋味，只能乞靈於燜燒鍋了，只要運用得法，一樣好吃得緊。

然而，中國歷史上最有名的「蒸鵝」，卻非這麼回事。

話說唐代宰相鄭餘慶樸實無華，自奉甚儉。一日，邀請至親好友到相府用膳，由於是相爺作東，大家都期待今天可吃到山珍海味，個個興奮莫名，一早就去赴宴。但等了老半天，居然毫無動靜，大夥兒不免餓壞了。這時候，才聽見主人吩咐家廚說：

「把毛去淨，要蒸得爛，頸子要完完整整。」客人一聽，全以為相爺今天請吃的是「蒸鵝」，無不引頸企盼。

等著等著，「好」菜終於上桌，原來是每人一隻蒸葫蘆和一碗粟米飯。看到這等粗糙食物，來客根本無法下嚥，只有鄭餘慶吃得津津有味，把自己的那份吃個精光。眾人大為掃興，搞得不歡而散。

哈哈！這個「誤會」之所以產生，主要是在那個「頸子」上。來客想當然耳，以為主食是鵝，卻萬萬沒料到葫蘆蒂長得也像鵝頸一般。

由上例可知，期待值越高，失望必愈大。當您在欣然赴會之時，最好是用平常心看待。

鵝饌味美難比擬

燒鵝的爐子，是用去底倒扣的大圓水鍋製成，四周以磚塊圍實，烤好的鵝酥糯鮮嫩，不油不膩，美味可口，細嚼鵝皮，特別有味。

「經營之神」王永慶生前曾表示，他喜歡以「瘦鵝理論」（意指潛能很大，只要提供適當的材料，瘦鵝立刻變大，成長速度比一般正常的鵝快）來形容台灣在經濟上的種種成就，就如光復初期，一般老百姓處境艱苦，一旦充分發揮華人刻苦耐勞的傳統美德，終能一再突破困境，獲致經濟奇蹟。

鵝的確要肥的才好吃，但瘦鵝有的是成長空間，只是未肥膘前，不受人們青睞，故有「燒鵝味道，豆腐價錢」之諺，虛有其表而已。

台灣人目前吃鵝的方式，非鹽水煮即用煙燻，斬件切盤，加薑絲蘸醬料吃，如整治不得法，多半肉薄而硬，吃來不對味兒。基本上，鹽水鵝以南京、鎮江、揚州一帶最擅燒製，肥而不膩，肉爛脫骨，令人百吃不厭。燻鵝則以浙江樂清最有名氣，以骨細皮薄，肉嫩鮮美見長，風味十分獨特。

至於鵝的內臟，台灣常見的吃法為煮下水湯、燙鵝腸、燻鵝肝、煮鵝肫等，爽的爽、糯的糯、脆的脆，各具風味，各有所好。鵝油十分清鮮，用來澆飯、下麵、拌青菜，都是不錯的吃法。

湖南的漵浦素有「鵝鄉」之稱，所產白鵝，既肥且美，被港商譽為中國白鵝之冠。當地人極愛食鵝，逢年過節必備此味，由於長期吃鵝，累積了不少烹調經驗，其中又以「焦蒸鵝肉」、「二鮮麵湯」、「油炒血粑」和「酸椒炒雜」最膾炙人口，號稱「鵝菜四絕」。「蒸鵝」食不膩人，餘味無窮，兼能清腸理氣，補肝健胃，尤受歡迎；「血粑」呈暗紅色，外脆裡嫩，香氣襲人，是下酒好菜；「炒雜」中有肫、肝、腸、心，酸中透甘，辣裡溢香，別有一番風味；「麵湯」則是用鵝汁下麵，皮滑肉爛，湯清帶甘，老少咸宜。

燒鵝是香港的名菜之一，此法出自浙江寧波，一向與北京烤鴨並稱，故諺云：「北有燕京烤鴨，南有寧波燒鵝。」這燒鵝的爐子，是用去底倒扣的大圓水鍋製成，四周以磚塊圍實，烤好的鵝酥糯鮮嫩，不油不膩，美味可口，細嚼鵝皮，特別有味。我曾在香港吃過一回「嶺南片皮鵝」，吃前廚師先把燒鵝的皮，片成二十四件上席，然後再上鵝肉，皮酥脆甘香，肉滑嫩鮮美，能各盡其妙，且一鵝兩吃，印象很深刻，現仍難忘懷。位於淡水老街上的「梁記」，原有「一鵝三吃」供應，滋味還真不錯，而今已成絕響，誠為食林憾事。

名作家周作人在〈燒鵝〉一文中指出：「鴨雖細滑，無乃過於肥腸腦滿，不甚適於野人之食乎。但吃燒鵝亦自有其等第，在上坟中最為佳，草窗竹屋次之，若高堂華燭之下，殊少野趣，自不如吃扣鵝或糟鵝之適宜矣。」有人形容周老並不是個講究吃的人，他談吃的文章之所以耐讀，絕不在於談吃本身，而是在於他的談吃，其實就是他對待生活的態度。讀了以上這則，內心中的體悟，似乎更加深了。

鴛鴦炙頗煞風景

鴛鴦一隻，褪毛洗淨，炙熟細切，以五味，可以燒炙蘸醋而食，而且還能製成羹湯。

有人形容焚琴煮鶴，乃大煞風景之事。其實，烹食鴛鴦，其罪不在棒打鴛鴦之下，甚至尤有過之。畢竟，拆散好端端的一對，常人尚可接受，一旦燒烤而食，即使其味甚美，亦會引起非議，責難隨之而至。

鴛鴦為名貴珍禽，常棲息內陸湖泊及山區溪流中，飛行力頗強，每比翼雙飛。牠之所以得名，真的很有意思，由於雄鳥的鳴聲好似「鴛」，雌鳥的鳴聲很像「鴦」，於是合稱「鴛鴦」，加上牠們總是成雙成對，游則並肩，飛則比翼，睡則交頸，親密無間，形影不離，故有「義鳥」之名。例如《古今注》即寫道：「鴛鴦，水鳥，鳧類。雌雄未嘗分離，人得其一，則一者相思死，故謂之義鳥。」

千百年來，人們詠頌鴛鴦，借鳥寓情，表達了對忠貞、忠誠、愛情及幸福的嚮往和追求。遂使盧照鄰的〈長安古意〉詩：「得成比目何辭死，願作鴛鴦不羨仙。」成千古絕唱，吟詠不絕於耳。

然而，翻開古籍史料，最有名的一則吃鴛鴦，卻出自以清雅著稱的《山家清供》，作者林洪寫著：「向遊吳之蘆區（今蘇州），留錢春塘，在唐舜選家持螯把酒，適有弋人（即獵人）攜雙鴛至。得之，燖（把已熟而冷了的食物再溫），以油爁（音覽，即炸），下酒、醬、香料燠（音育，即熱）熟。飲餘吟勸（即倦），得此甚適。詩云：『盤中一箸休嫌瘦，入骨相思定不肥。』」將雄鳥吃掉，留雌鳥獨活，且以「相思」入詩，不是大煞風景是啥？

燒烤小鳥而食，西周時期即有，當時稱為「雛燒」，宮廷以為常饌。鄭玄在《禮記・內則》注釋得很明白，指出：「雛，鳥之小者。燒熟，然後調和，故云雛燒。」《山家清供》所載的「鴛鴦炙」，其法即是如此，顯然古風重現。

又，古人食用鴛鴦，多作食療之用，而且能治相思及增進夫妻情感，簡直匪夷所思。例如唐代的《千金食治》載：鴛鴦「性苦、微溫、無毒，主瘺瘡。清酒浸之，炙令熱，以薄之（敷之）；亦炙服之，又治夢思慕者。」與宋代的《類症本草》卷十九

「鴛鴦」條下記：「清酒炙食，治瘻瘡；作羹臛食之，令人肥麗，夫婦不和者，私與食之，即相愛憐。」說得玄之又玄，無奈行家不信，李時珍就是如此。

明人李時珍的《本草綱目》，在治療「五痔瘻瘡」的藥方裡，即表明用：「鴛鴦一隻，治如常法（即像平常那樣，先行褪毛洗淨），炙熟細切，以五味，醋食之；作羹亦妙。」可見此帖可以燒炙蘸醋而食，而且還能製成羹湯，在吃法上，堪稱比較多元，具有同等療效。

鴛鴦羽色絢麗，當下賞鳥者眾，引發不盡相思。貪圖口腹之欲，實非高士所為，如果為了食療，最好找替代品。果能如此，必能皆大歡喜，天地充滿生機。

夜半喜聞燒鳥香

燒烤好吃關鍵，首在火候拿捏。不僅要入口即酥，而且不能有焦味。其次則是醬汁，乃是好醬油加冰糖、高湯等，以一天的時間微火燜煮。

小時候雖常搬家，多半住在中、南部。記得每次逛夜市，總會發現現烤的麻雀攤子。但見整治乾淨的麻雀，或兩隻、或三隻，用竹籤串定，邊烤邊塗醬，一直烤到色呈焦黃、陣陣香氣竄出為止。這種攤子很熱門，常被人潮包裹住。我當時個頭小，常在裡頭擠呀擠，能弄到一串吃，綻放出的笑容，比陽光還燦爛。而今的夜市，已看不到此景此食，莫非是人們雞鴨魚肉吃多了，已不時興吃「野」味啦！

麻雀有害莊稼，吃牠問心無愧。想當年，稻浪金黃時節，雀鳥一波接一波，吱吱喳喳叫不停。望著無助的稻草人，恨不得把這群害鳥，一隻隻地往嘴裡送。或許基於這個心理，人們吃起來更帶勁，毫無任何心理負擔。

其實早在西周時，即吃燒小鳥，當時叫「雛燒」，宮廷常食用，後逐漸失傳。幸而禮失求諸野，此法保留東瀛，後又傳至台灣。因此，我小時吃的烤麻雀，即是古風重現，東風南漸。

目前台灣專賣烤麻雀的店家，首推位於台南市民族路三段上的「姚記燒鳥」。據說該店創於台灣光復之初，而且是「中日合作」，目前已由第三代經營。其所使用的麻雀，係鳥販每天從屏東、高雄、新營、台中等地送來光鳥（即除毛者），然後動手破肚剪爪，整治乾淨，接著兩隻一串，以竹籤貫穿，以備燒烤。

燒烤好吃關鍵，首在火候拿捏。不僅要入口即酥，而且不能有焦味。欲見真章，一試鳥頭即知功夫是否到家。須酥而不爛，且爽糯兼具，才算得上是上品。

其次則是醬汁。姚記第三代傳人曾透露其主要成分，乃是好醬油加冰糖、高湯等，以一天的時間微火燜煮，至於其他的天然香料配方究竟如何？他則笑而不答。只稱麻雀燒烤後，整串浸在醬汁中，料吸足即享用，趁熱快食，風味至佳。

這個蕞爾小店，也挺特別的，當夜幕低垂，許多餐館、小吃攤陸續打烊收拾之際，它才開市，到午夜時分收攤。我每冬夜至此，手抓串烤燒鳥，由頭吃起，漸及其身，吃罷再食，須臾而兩鳥盡。有人則喜夏夜吃，搭配著啤酒品，據說風味頗佳，倒是無緣一試。

「奇庖」張北和自從知道我愛食麻雀後，常以雀饌相招。印象最深刻的一次，應是數年前的某個冬天晚上，寒流來襲，全身瑟縮。張氏則意氣風發，抖擻著精神料理。但見整治浸料過的麻雀，一一下鍋油炸，陣陣肉香逸出，頓感飢腸轆轆。接著再炸松子，略微熟即撈起，粒粒晶瑩黃亮。最後則炸蟲草，隻隻烏黑泛光。

待品嘗時，張氏告以除鳥喙外，全鳥皆可食用。他先示範吃法，我們紛紛仿效。先將鳥嘴咬去，夾起數粒松子，一口咬下頭頸，兩者嚼至糜爛，果香雀香競合，然後徐徐嚥下，餘香仍繞喉間，此際一口白酒（桂林三花酒），真個通體舒泰。接著夾些蟲草（冬蟲夏草），與雀身同時納肚，肉香藥香交融，感覺無比愜意。只覺得片刻間，整大盤的麻雀，都已蕩然無存，徒留不盡思念。

我目前住頂樓，每日黎明時分，就聞雀聲不斷，愈近秋天愈甚。聽廣東人常說：「秋風起兮三蛇肥。」其實，這個時節，不光蛇肥，麻雀也是胖嘟嘟的，不拈個幾串吃吃，未免辜負此一天賜珍物！

百鳥朝鳳堪壯陽

取百隻禾花雀之腦，塞入白鴿肚內蒸透，因雀腦及鴿腦蘊有奇香，不但挑逗味蕾，且能「補精益髓」。

早在十餘年前，有大陸名廚來台獻藝，重現漢代馬王堆「養生方」食譜。我細觀其內容，發覺一道名「杜仲炮金合」的菜有意思，它是以溫補肝腎的杜仲與佐料，塞進強精聖品之一的鴿小腹中，再以類似叫化雞手法煨製而成，據說此饌「對於腎虛腰痛，甚至現代高血壓，都有一定的助益」。

我以往在香港的中餐館內，吃過一款焗禾花雀，和這道杜仲炮金合比起來，實有異曲同工之妙。做法是先把禾花雀治淨，以薑汁、酒、糖、生抽醃個十分鐘，接著將鴨肝腸切成小料，每雀肚塞進一料，攤開一大片豬網油，置禾花雀於其上，加適量芫荽、蔥花，然後將其包成糭狀，放進鐵鍋內，加蓋焗至網油變焦黃色即成。此製法與江蘇武進的「黃雀塞肉」神似，只是後者採用炸的方式製作而已。

網油能抗阻過高的熱力，它是不能吃的，揭開網油而食，雀肉至鮮至美，入口之所以甘香，全仗鴨肝腸吊味。

「雀性極淫」，號稱能「益陽道，補精髓」的禾花雀，其實不僅可登大雅，而且還可弄成奢食，據《明稗類鈔》上的記載，明代權臣嚴嵩之子，官至工部左侍郎，無惡不作，飲啖極盡豪奢能事的嚴世蕃，姬妾甚多，心煩力絀，窮於應付。家廚為使他「威而剛」，乃挖空心思，製作壯陽美饌，命名「百鳥朝鳳」。

此菜的製法為，取百隻禾花雀之腦，塞入白鴿肚內蒸透，因雀腦及鴿腦蘊有奇香，不但挑逗味蕾，且能「補精益髓」，世蕃日日食此，戰力充分發揮，遂成食林奇談。

金獎奇庖張北和善燒鳥菜（斑鳩、鵪鶉、麻雀等），知我亦愛食雀，特地弄來百隻禾花雀，先吃炸（配炒松子吃，極妙）、蒸（肉細而美，嫩極而鮮）、滷（配冬蟲夏草吃，真美饌也）這三種口味後，最後再上一道讓人驚豔的好菜，果然功力非凡。

此菜仿「百鳥朝鳳」製作，而更見巧思。其做法乃將五十隻麻雀頭（每隻鳥嘴都啣著一隻冬蟲夏草）塞入烏骨雞內，然後把雞塞到豬肚裡頭，下墊淫羊藿、巴戟天等壯陽草藥，旁置五十隻雀身，以武火蒸透，再用慢火續燜，歷六小時而成。

待端上桌來，先飲醇和而甘、不帶絲毫藥味的上湯，飲畢，將豬肚從中剖開，雞與鳥首一一呈現。大啖鳥頭，馨香四溢，然後依己好臠切雞肉或豬肚，肉軟而不爛，酥糯有嚼勁，端的是美味，滋味永難忘，乃鳥菜的經典之作。

名作家李昂得與此宴，食罷大為興奮，撰文盛讚此菜，並譽張氏為「食神」。張氏經此力捧，居然谷底翻身，由先前「歪廚」、「怪廚」式的離經叛道，扭乾轉坤，導之使正（「老蓋仙」夏元瑜曾送其「全台第一」匾額），整個改頭換面，縱橫食壇十年，這種特殊際遇，讓人嘖嘖稱奇。

血腸本是帝王食

這鍋肉又稱「福肉」，是清水煮豬肉，不加醬鹽。血腸則切片下肉湯內煮熟，與肉一塊兒享用，此即後世酸菜白肉血腸鍋的由來。

約十五年前，日本曾發生一件聳動的桃色事件，原來當時的大阪知事橫山，因常伸出祿山之爪，導致下台一鞠躬。據報載，他老兄膽子真不小，還敢吃太子妃的豆腐哩！

性騷擾的代言人，是鼎鼎有名的安祿山，史稱他身體肥胖，「腹垂過膝」。在唐明皇之前，以「應對敏給，雜以詼諧」，常受到皇上關愛眼神，竟一人擔任平盧、范陽、河東三鎮節度使，兼領御史大夫，統領兵馬十五萬，炙手可熱，並世無雙。

安祿山之所以能上下其手，乃是趁拜謁「乾娘」楊貴妃之便。安祿山有年過生日時，唐明皇及楊貴妃皆厚賜衣服、寶器及酒饌。三天之後，唐明皇聽到後宮歡笑，乃問左右何故？告以貴妃娘娘在「洗祿兒」（即用錦繡大巾裹起光著身子的安祿山，使宮人用綵轎抬出）。唐明皇覺得有趣，忙趕去瞧熱鬧，出手大方，不但賜楊貴妃「洗兒金銀錢」，還厚賜安祿山，大家盡歡而散。安祿山從此自由出入宮禁，或與貴妃對食，或通宵不出，即使有些「醜聞」，唐明皇亦不疑，寵愛到無以復加。

據《太平廣記．御廚》上的記載，唐明皇喜食新鮮鹿肉，每次擒獲幼鹿，隨即割喉取血，灌入加熱煎熬洗淨的鹿腸中，待放涼後，切片置鹿湯內，煮熟而食，滋味極為鮮美，特賜名為「熱洛河」。曾將此一美味，賞給寵臣安祿山及西平郡王哥舒翰享用。由於這種吃法前所未見，應是唐明皇或其御廚發明的玩意兒。

「上之所好，下必從之」，熱洛河從此流行於宮廷及民間，成為後世血腸之鼻祖，只是食材換成豬罷了。

滿洲人信奉薩滿教，在祭祀的過程中，全用豬為犧牲。

依《滿洲祭神祭天典禮．儀注篇》的說法，在薩滿祭祀過程中，「司俎滿洲一人，進於高桌前，屈一膝跪，灌血於腸，亦煮鍋內。」這鍋肉又稱「福肉」，是清水煮豬肉，不加醬鹽，以示虔誠。血腸則切片下肉湯內煮熟，與肉一塊兒享用，此即後世酸菜白肉血腸鍋的由來。

而今專售白肉血腸的，以清光緒年間，滿人白樹立在吉林省老白山下創立的「老白肉館」，所製作的最有名。其血腸係先將豬血腸加精鹽、醋等搓洗乾淨。然後澄清豬鮮血，倒出上層血清，添入豬血量四分之一的清水及若干精鹽、砂仁、桂皮、紫蔻、丁香等合製而成的調味麵，並攪拌均勻。把豬腸的一端用繩紮緊，從另一端灌入豬血後，亦紮緊腸口，入沸水鍋內，以小火煮至血腸浮起時，撈入冷水中涼透，切成三公分薄的圓片，放入漏勺在沸湯中焯透取出，置湯碗中，加蔥花、薑絲、香菜、醬油、胡椒粉、麻油、肉湯汁，即可與煮透去骨的白肉，一起上桌供食。吃時可蘸用韭菜花、豆腐乳、大蒜丁、辣椒油等調成的醬汁。

此菜的特點為白肉軟爛，肥而不膩；血腸呈蘑菇狀，光亮油膩，清香軟嫩。我尚無緣品嘗，心中嚮往久矣！不過，我曾嘗過英國的血腸，它是用豬血香腸料理，加上豬舌、豬瘦肉，以及豬肥肉切丁製作完成的，不用煙熏，純以水煮，雖稍帶腥味，卻很有口感，滋味還不錯。若有興趣試，應會驚喜的。

品嘗兔肉鴻圖展

兔肉的脂肪多為不飽和脂肪酸，且其類脂質中，所含膽固醇極少，食後能使人體發育勻稱、窈窕、皮膚細膩。加上牠的結締組織少，肉質細嫩，尤易於消化吸收。

記得在數年前，看過電視報導，講到川娃愛美，競食麻辣兔頭。但見整鍋火紅，不斷冒出浮沫，內藏兔頭數十，分盛小鍋上桌。舉桌小姐姑娘，紛紛以筷夾取，張開櫻桃小嘴，吃得好不痛快。原來此菜甚妙，可以養顏美容，難怪她們不顧形象，只為能夠美得冒泡。不知《詩經》中的「有兔斯首，燔之炙之」，是否就是這個場景？

基本上，兔子可分為野兔和飼養的家兔。野兔尚可分成野兔類和穴兔類兩種。只是野兔的體型比穴兔大，腳也來得長些。經證實家兔的原種是穴兔，約在十一至十二世紀間，由西歐人培育成功。當時飼養兔子的目的，首在取用兔毛和兔皮，吃其肉尚在其次。

由於兔肉的脂肪多為不飽和脂肪酸，且其類脂質中，所含膽固醇極少，食後非但不會使人體發胖，反而能令人體發育勻稱、窈窕、皮膚細膩。加上牠的結締組織少，肉質細嫩，易於消化吸收，尤適合老人家和小孩食用。故古今中外，皆愛食其肉，寢其皮，而且樂此不疲。

一般而言，家兔與野兔不論在肉質和風味上，均頗有不同。前者色呈粉紅，肉質類雞肉而更嫩，只是味道輕淡，好在沒有腥氣；後者在獲致後，無法立刻放血，故其色帶赭紅，妙在野味十足。因而在料理時，西人喜用奶油清燉或蒸食家兔，有時會在全兔的肚內填餡，再整隻燒烤。至於料理野兔，則用紅酒燉煮，藉以殺其腥味，亦會以兔血製成的醬汁燉煮，目的在提味增鮮。當然啦！燒烤必野趣十足。

至於華人燒兔的手法，早就十分拿手，遠非西人可及。

明朝時，已在前人烹兔的基礎上，發展出油炒兔，其法為：「先取鍋熬油，入肉，加酒水烹之。以鹽、蒜、蔥、花椒調和。」此後，朱彝尊的《食憲鴻祕》，更有「兔生」一味，即承其遺緒。其製法乃將野兔去皮毛、內臟、骨，取肉切成小塊，用米泔水浸捏洗淨，再用酒腳浸洗漂淨，瀝乾。生蔥切碎。鍋中盛油，旺火燒滾，依次下兔肉，大小茴香、胡椒、花椒、米醋，翻炒拌勻，肉熟後酌加食鹽，隨即起鍋裝盤。有趣的是，此菜名為兔生，實為油爆野兔，添加不少佐料，味更濃郁適口，是宴請賓客的上等佳餚。

除以上的做法外，《調鼎集》亦載有麻辣兔絲、兔脯、白糟燉兔、炒兔絲四味。燒法各異，味出多元，果真不是蓋的。

至於食兔頭的好處，據《古今醫統大全》在「兔頭飲」的記載，即把兔頭去皮毛，洗淨，瀝乾。鍋中盛入清水，加豉先煮至沸，下兔頭，煮至熟爛為度。起鍋前可酌加鹽及五味佐料。其療效是「治消渴、煩熱、躁悶」，如能去此三者，想不容光煥發也難。

俗話說：「飛斑走兔。」號稱「食品上味」的兔肉，其味之美，足以與斑鳩一較短長。值兔年而享用該等佳味，應可鴻「兔」大展，整年大有可為。

虎年美食
龍虎鬥

以鱔魚及豬肉為主料，先將鱔魚洗淨，在其肉上，劃「人」字花紋，抹上太白粉，另將豬肉剁茸鑲在其內。斜切成段，經走油後，再注入雞湯，加調味料勾芡即成。

古人是吃老虎的，像武松在景陽崗打死的那條大蟲。當皮剝完後，那些虎肉，應全祭了人們的五臟廟。而今，老虎日漸稀少，據正式的統計，全世界剩不到七千隻，早就被列入保育類動物，嚴禁獵捕。所以，現在想吃個虎肉，無異緣木求魚，只是癡心妄想。

老虎既已不能吃，在此且談談以老虎命名的佳餚——「龍虎鬥」，讓大家過過乾癮。

以「龍虎鬥」這菜名著稱的，在中國共有兩處：一在嶺南地區，另一則在湖北沙市，前者是用蛇肉與貓肉（一說是果子狸）合烹而成，取貓肖虎，蛇似龍之意。據說其補益甚大，因而大受兩廣人士的歡迎。不過，大多數人聞食貓而色變，以致流行範圍不廣，且多在特定的地方才吃得到。至於後者的來由，則大異其趣，不完全是表象意義，而是另有一段精采絕倫的故事，內容相當有趣。縱屬虛構，但饒興味。

話說在春秋時，楚國令尹（即宰相）鬥越椒造反，率軍將國君莊王追至清河橋旁。莊王只好過河拆橋，負嵎頑抗。大夫香伯率兵勤王，雙方人馬隔河對峙。香伯帳下的勇士養由基，是軍中有名的神射手，而鬥越椒本人亦善射，身手了得。於是展開一場比劃，過程驚心動魄。

雙方約定隔河互射三箭，鬥越椒貴為宰相，自然由他先出手，他接連兩箭，都被對方避過，第三箭又被張口咬住，王師歡聲雷動。鬥越椒無奈，只得依協議由養由基回射。養由基運用心理戰，先放兩次空弦，然後再放冷箭，結果一箭中的，射死了鬥越椒。叛軍見主帥陣亡，個個喪失鬥志，紛紛棄械投降。

王師大獲全勝，班師還朝之後，莊王大宴群臣，犒賞三軍。席間，他對養由基說：「愛卿與鬥越椒比箭，真是一場龍虎鬥。」廚師聽說後，便燒一道新菜奉上，莊王從未吃過，笑問此乃何菜？回說是「龍虎鬥」。莊王聽罷，龍心大悅，隨即厚賜廚師，此菜因而傳下。兩千多年以來，經歷代廚師不斷改進，終成荊楚名菜，目前則以沙市所製作的最精，名播四方。

這款名菜是以鱔魚及豬肉為主料，先將鱔魚洗淨，在其肉上，剞「人」字花紋，抹上太白粉，另將豬肉剁茸鑲在其內。斜切成段，經走油後，再注入雞湯，加調味料勾芡即成。其味肉香魚鮮，酥脆鬆嫩，歷來即是鄂省筵席上的大菜，如再搭配白酒而食，更能興「養由基一箭定天下」的豪氣。

嘗鮮

一行白鷺上青天

此菜乃一大碗湯，橫其中者為剩餘的骨頭，然連首帶尾，宛然一條魚。湯色白，狀略稠，湯上漂了一行新鮮豌豆，不過十餘粒，整然有序，如一串雁行。

鄭和在沉寂近六個世紀後，開始揚眉吐氣。其下西洋的事蹟，漸受世人的關注與廣泛討論。有趣的是，與他那無敵艦隊並稱的黑魚，亦呈多種面貌，引起廣大回響。

據明人費信《星槎勝覽》上的記載，當三寶太監率領艦隊放洋時，特地帶了離水仍能存活很久的黑魚，專供船伕食用。此魚繁殖力極強，因而遍布南洋各地。

數百年後，南洋到處都有黑魚上市，麻六甲至今仍稱其為「鄭和魚」、「三寶公魚」。此後，南洋一帶的華僑，再把他傳播至北美洲，並成為那裡華僑常吃的魚類之一，一些老外也嗜食此魚，稱之為「唐人魚」。

又被叫為烏魚、生魚、財魚、活魚及烏棒的黑魚，古名蠡魚、土步魚，生活於水草茂盛及渾濁泥底的水域，生性凶猛，嗜食他魚的卵及魚苗，是有名的害魚，中國人自古即捕食之，其肉質厚實緊密、爽中帶嫩，而且刺少。而在烹調時，必採現宰現殺方式，清代土話叫「活打」。現以北京菜的「雞湯魚卷」、仿膳菜的「抓炒魚片」、豫菜的「蔥椒熗魚片」及浙菜的「紅焙魚片」等較有名氣，但均遠遠不及揚州菜的「將軍過橋」及由其所衍伸的「一行白鷺上青天」。

「將軍過橋」是名廚王春林在二十世紀三〇年代創製的，即魚肉做成炒魚片，魚骨、魚腸燒成湯的一魚兩吃。味道既美，而且經濟實惠。至今，揚州最被人稱道的黑魚佳肴，反而是「菜根香」的一魚三吃，尤其是第三吃的黑魚骨湯（又號「一行白鷺上青天」），更令人拍案叫絕。

此菜乃一大碗湯，橫其中者為剩餘的骨頭，然連首帶尾，宛然一條魚。湯色白，狀略稠，湯上漂了一行新鮮豌豆，不過十餘粒，整然有序，如一串雁行，飲罷，不濃而極有味，鮮美無比。其妙在燒製的時間不長，於魚骨未酥時，其味已入湯中，甚感清氣逼人。此一行豌豆，作用在點綴，目的在增其色澤，增添幾許清氣，絕不至成喧賓奪主之勢。

散文大家余秋雨的老師唐振常云：「一行白鷺上青天，自然是文人命名。此菜可食，此名可愛。雖得來可愛，然不流於刁鑽古怪。當然也有缺點，就是看其名而不知為何菜。」他並說，如此強為解釋，「自知不免過迂」；但此舉坦白可愛，「不是隨人說短長」。

黑魚雖為江南人士眼中的珍品，但道教徒視牠為「水厭」，竟相戒不可食，真是暴殄天物。其實，早在清代時，袁枚在《隨園食單》即寫道：「杭州以土步魚為上品。……肉最鬆嫩。煎之，煮之，蒸之，俱可。加醃芥作湯，作羹，尤鮮。」顯然他老人家是極愛此味的。嚴格來說，不光杭州人嗜食此魚，蘇州人亦特重黑魚，上海人何嘗不是，一旦提起牠，必眉飛色舞。

不過，蘇州主要的燒法，則為清炒、椒鹽、糟熘等多種，不同他處。名作家汪曾祺乃江北高郵人，當地的吃法為汆湯，加醋、胡椒。他本人形容得真好，「魚肉極細嫩，鬆而不散，湯味極鮮，開胃」。看到如此描繪，就想如法泡製，一次吃牠個夠。

蘇軾燒魚有本事

新鮮鯽魚或鯉魚洗淨去鱗後，放在冷水鍋裡，加鹽後再添入黃芽白和蔥白數段。接著把少許已拌勻之生薑片、蘿蔔汁和酒一起倒入鍋內，等到魚快燒熟時，再加點桔皮絲即成。

北宋大文豪蘇軾不僅文采斐然，而且擅製美食。當他謫居黃州時，除了研發出好吃的紅燒豬肉外，對煮魚羹也極有心得，深諳其中竅門。其方法對後世不無影響，值得深入探討，藉以一窺堂奧。

《東坡志林》上說，蘇軾謫居黃州城外的「東坡雪堂」時，因為生活拮据，便常親自下廚，既煮魚羹解饞，也與客人同享，「客未嘗不稱善」。想必是人在窮困時，周遭的窮朋友也將就些，並不怎麼挑嘴，反而較易滿足他們的口腹之欲。等到後來出任錢塘（今杭州）太守，雖遍嘗各式各樣的山珍海味，但其廚藝尚在，功夫不曾荒廢。有一天，他和老友仲天貺、王元直、秦少章這三人相聚，忍不住技癢，「復作此味」。結果，「客皆云：『此羹超然有高韻，非凡俗庖人所能。』彷彿歲暮寡欲，聚散難常」，於是「當時作此以發一笑」，其自得之情狀，流露於文字間。

所幸《東坡文集・雜記》內記載了蘇軾的煮魚法，其做法為：「以鮮鯽或鯉魚治斫，冷下水，入鹽如常法。以菘菜心芼（即用揀好的黃芽白）之，仍入渾蔥白數莖，不得攪。半熟，入生薑、蘿蔔汁及酒各少許，三物相等，均勻乃下。臨熟、入桔皮絲。」也就是說，把新鮮鯽魚或鯉魚洗淨去鱗後，放在盛冷水的鍋裡，和平常一樣加鹽；再添入黃芽白和蔥白數段一起下鍋煮，要彼此分明，不使其雜亂。接著把少許已拌勻之生薑片、蘿蔔汁和酒一起倒入鍋內，等到魚快燒熟時，再加點桔皮絲即成。

這魚燒好後的滋味如何？大老饕卻賣個關子，不肯痛快講出來，輕描淡寫地只說：「其珍食者自知，不盡談也」，把人的胃口吊個十足。不過，我想此菜的好吃與否，關鍵在於火候，只要拿捏得宜，絕對好吃得緊。至於是否對味，那就很難講了。畢竟，「食無定味，適口者珍」。

又，宋人陳元靚所撰寫的《事林廣記》，有「東坡脯」一則，雖以魚肉製成，卻像用油煎熟。其製法為：「魚取肉，切作橫條。鹽、醋醃片時，粗紙滲乾（即用粗糙的紙吸乾水分）。先以香料同豆粉（宋人常用綠豆粉）拌勻，卻將魚用粉為衣，輕手捶開，麻油揩過，熬熟。」而今重達數斤或數十斤的大魚中段，經常用類似的手法燒製。只是它是否由蘇軾所發明，實有賴學者專家去查證了。

形醜味妍　昂嗤魚

將魚斬件切塊後，不必加醋料理，湯白好似牛乳，真是所謂「奶湯」，其肉極細嫩，小刺兒不少，須耐心細品。

在未期待之下，能享受到美食，堪稱人生一快，而此美好體驗，竟無意中得之，此中的大樂趣，妙處難與君說。

初嘗昂嗤魚時，我的深刻體會，即是如此。

周庄號稱「中國第一水鄉」，在整個園子裡，凡賣河鮮店家，幾乎都售此魚，但他們的餐牌，卻寫著「昂刺魚」或「昂子魚」，而且養在水族箱內，貌不驚人，甚至醜怪。然而，一旦嘗過其味，將有「以相取魚，失之昂嗤」之歎。

其貌不揚的昂嗤魚，頭扁嘴闊，無鱗，皮色黃，乍看之下，還有點像鮎魚，只是身上有淺黑色且不規整的大斑。雖無背鰭，但背上有根硬而尖銳的骨刺，用手捏這刺兒，就發出昂嗤昂嗤的細微聲響，牠之所以得名，或許由此而來。因此，叫昂刺尚說得過去，叫昂子就莫名其妙了。至於牠的學名叫啥？恐怕只能向魚類專家請益啦！

這魚頂多七八寸長，遍布水鄉澤國中，其價甚賤，甚宜汆湯，在斬件切塊後，不必加醋料理，湯白好似牛乳，真是所謂「奶湯」，其肉極細嫩，小刺兒不少，須耐心細品。大陸知名的文學大家兼美食家汪曾祺對昂嗤魚頗具好感，指出其「鰓邊的兩塊蒜瓣肉有拇指大，堪稱至味」。我在遊周庄時，點兩尾魚汆湯，依其言咀嚼之，的確細膩柔滑，一次而嘗四塊鰓邊肉，這種快樂勁兒，筆墨難以形容。

後來又在巴城、杭州等地食肆，品嘗用梅菜（即霉乾菜）紅燒的，肉質轉硬，鮮味盡失，遠不如清汆得味。看來這種魚兒，簡單料理即可，居然大費周章，效果反而不彰，一點意思也沒有。

炙魚變身魚藏劍

取用鱖魚大者一尾，宰殺治淨，加鹽、醬油、酒醃製，接著取肉、筍、香菇之末及蔥白段，加調料，再塞入魚肚中，以豬網油包緊，放在塗有麻油的鐵絲網內，用炭火炙熟即成。

據《吳越春秋．王僚使公子傳》的記載，公元前五一五年，蘇州城發生一場驚心動魄的宮廷政變。任誰都無法想像，引爆這場政變的導火線，居然是一頓色香味形觸俱臻一流的炙魚大餐。

話說吳國的公子光不服其兄僚（史稱王僚）趁虛即位，當上國王，一直想取而代之。他深知王僚愛吃炙魚，便商請伍子胥物色一個刺客借此行刺。伍子胥找來與王僚有殺父大仇的勇士專諸，並安排他到太湖邊，向炙魚高手太和公習藝。經苦練三個月，完全掌握訣竅。又為方便第一時間下手，更鑄一柄短劍，可藏於魚腹中，史稱「魚腸劍」。

待一切布置妥當，公子光邀請王僚，謂已準備好出類拔萃的炙魚，王僚欣然赴宴，專諸以大廚身分獻魚。王僚聞得魚香，準備大啖之際，專諸抽出短劍，給予致命一擊。公子光乘亂登基，即是後來赫赫有名的吳王闔閭。

而當時的炙魚法為：取用太湖中肥壯白魚，魚肚內塞滿內餡，加調料醃製，上火慢慢炙熟，只要燒炙得法，滋味絕佳，誘人饞涎。

此菜自傳入清宮後，燒法大異其趣，尤見精巧細緻，改名叫「魚藏劍」。只用去骨去皮的大鱖魚（即桂魚）片，把洗淨的黃瓜切條用鹽略醃，捲在魚片中，先置於碗內，以料酒、精鹽醃妥，再蘸上用雞蛋清與玉米粉攪成的糊，下鍋炸至金黃。魚的頭、尾亦分別蘸糊炸透，然後將魚頭、魚卷及魚尾整齊擺在盤上，宛若一整條魚，末了，勾以酸甜芡汁，澆在魚卷之上即成。以魚肉細嫩，無刺無渣，焦香脆滑，甜酸適口而聲名大噪。

據說此菜為御廚王玉山（後為北京「仿膳飯莊」的開山名廚）之父首創，王父亦擔任御廚，在獻此菜給慈禧品嘗時，慈禧已知其來歷，便當面質問他說：「專諸為刺王僚而燒此菜，你現做此菜給我吃，膽子可真不小哪！」王跪稟道：「老佛爺洪福齊天，吳王僚之輩無福享受的佳肴，老佛爺享受得，豈是吳王僚可以相比的呢！」慈禧聞言大喜，在品嘗過之後，對其美味讚不絕口，遂下令厚賜他。此菜從此流行宮廷，並在滿清覆亡後，成為「仿膳飯莊」的著名佳肴。

話說回來，蘇州當地的老菜，仍有炙魚一味，亦改用大鱖魚，在腹內藏餡炙熟。其法為取用鱖魚大者一尾，宰殺治淨，加鹽、醬油、酒醃製，接著取肉、筍、香菇之末及蔥白段，加調料，再塞入魚肚中，以豬網油包緊，放在塗有麻油的鐵絲網內，用炭火炙熟即成。

當下則蘇菜及滬菜中，均有炙魚這道菜，菜名略有不同，稱「叉燒桂魚」或「網油叉燒桂魚」，其做法雷同，均是將整治乾淨的桂魚，先用豬網油包裹，外表再塗上一層蛋粉糊，只是前者之魚先行烤熟，再塗蛋粉糊略烤即成；後者則塗匀蛋粉糊後，直接烤熟即可。據說成菜以色澤金黃，肉嫩味鮮，香氣濃郁著稱。食畢，益發有思古之幽情。

廣安宮前飄魚香

生米煮粥，米粒尚未全開，米漿呈透明狀之際，即把煮過的魚頭、魚肚，及魚骨一起燉，約煮兩小時後，將生米、蚵仔、碎虱目魚肉一起放入高湯中，煮個二十分鐘，就是虱目魚粥。

二十年前，有次到台南出差，特地趕去廣安宮，想回味一下久未品嘗的虱目魚粥，孰料「人算不如天算」，微曦時分趕去，竟然宮前冷落，原來搬走多時。一早就撲個空，失望之情難掩。

憶及早年在饕友張君的引領下，首度到此享用早餐。對這座清代建成的小廟，感覺很不起眼，雖談不上什麼規模，但其正前方，卻延伸出一方瓦脊的拜亭，算是特色。前頭兩根圓柱正中，懸一副七言嵌字聯，鑿痕還很清晰，只是寫的是啥，已想不起來了。依稀記得在「廣庇民安」黝暗而莊嚴的匾額下，便是那攤熱氣直冒、播譽全台的虱目魚攤了。

這個虱目魚攤很特別，每天一大早，旁邊就有三、五個人在一旁洗魚刮鱗，那些魚兒撈起不久，形如銀鑄，活蹦亂跳，在熟手播弄下，閃閃發出白光，格外引人注目。治淨了魚身後，接著是分段處理，但見切頭、去尾、片肚、劃背，動作十分俐落，並逐一歸類放妥。比較令我驚訝的是，油黑烏亮的魚腸也保留著，它先用水漂淨，然後堆放一處。

府城人吃虱目魚的段數之高，光看滿地魚刺，便可見一斑。我每次在享用時，看對坐及鄰坐的吃友們，將多刺的虱目魚送嘴，沒兩下子，即吐出魚刺一堆，若無其事。幸好咱吃魚的本事只高不低，故在人叢中怡然自得。不像有些食客，經常左支右絀，明眼人略一瞧，便知外地來的。

而吃的地方，更讓人啟思古之幽情。四、五十張年深日久的高竹腳凳，錯落在十張方桌的周圍，全都坐滿了人。六到八點的熱門用餐時段，簡直一位難求。不想站著吃的人，只得耐心等候。中午不到一點鐘，就已經開始收攤，晚些到的顧客，只能隔日請早。這情景一如北平老字號「居順和」（砂鍋居）的歇後語，「缸瓦市中吃白肉」即砂鍋居的幌子——「過午不候」。

此攤的攤主名鄭極，善烹虱目魚料理。其重頭戲為虱目魚粥，一般的做法類似湯泡飯，俟顧客點用時，才將魚湯、飯、蚵仔等基本食材一塊兒煮，米硬粥稀，滋味不顯，不是味兒。鄭極的粥，考究得多，製作時的第一個步驟是熬粥。其法為用半粥。這種煮粥妙法，出自漳泉二州，當生米煮粥時，米粒尚未全開，趁米漿未迸出，且呈透明狀之際，即把煮過的魚頭、魚肚，以及起肉後的魚骨一起燉，約煮兩小時後，湯汁已濃稠乳白，至逸出清香乃止。其次才是下料。將生米、蚵仔、碎虱目魚肉一起放入高湯中，煮個二十分鐘，就是虱目魚粥。成品再加蔥酥、香菜及肉燥，即是一碗風味道地的美妙粥品，光是嗅其香、觀其色，足以令知味之士，猛流口水不止。

有些食客量宏，覺得只吃這碗虱目魚粥，不飽也不過癮，這時他們會加根油條搭配著吃。一般都是一口油條一口粥；但有人卻喜歡以油條沾著熱粥吃。我個人甚愛前者的吃法。畢竟，其爽脆滑糜互見，食來有層次感，較能相得益彰。

此外，想食高檔的，尚有魚肚粥，其腴滑適口，更勝肉一籌。

想提升吃魚的本事，就嘗虱目魚頭湯吧！十個左右的魚頭，能吮汁吐骨，吃得得心應手，才算過關。不過，我個人最愛的還是那魚腸湯，看起來黝黑，入口卻鮮腴無比，有的人望而卻步，我可是每到必嘗。因為真正能吸引我的，是味道本身（包含香氣），至於形狀、顏色、服務、裝潢等，只是用來促進或提升滋味的，如果味道真的不濟，這些附加的因素，便毫無存在價值。或許有人不認同我這種純主觀式的滋味論，但食者本身，如不具備味蕾的靈敏度，又何從去品評滋味的高低呢？

而今鄭極的攤子，已遷往府城公園南路，擴大經營，規模甚偉，取名「阿憨鹹粥」，人潮洶湧，不減當年，幸好滋味猶存，仍有可觀之處。

江南美味白絲魚

其燒製方法，有蒸、熏、炸、醉、燴、糟、麵托及白魚圓等多種，但台灣的吃法，有別於大陸，除清蒸外，以煮薑絲湯、用豆瓣燒及紅燒，尤為饕客所愛。

自退休後，一個月內，兩赴上海，足跡多在江南，尤其蘇州、杭州。在這半個餘月，嘗過不少河鮮，而重複最多的，則是白絲魚，其烹調方法，有清蒸的，有白燉的，也有加乾菜紅燒的，甚至充當西湖醋魚的主料。守法固然多元，但深得我心的，反而是清蒸，料理簡單，滋味雋永，好生難忘。

白絲魚即白魚，乃硬骨魚綱鯉形目鯉科鮊屬的統稱。古稱鮊魚、鱎魚、白扁魚。

市場最常見到者，為有大白魚、翹嘴巴等俗名的翹嘴紅鮊。牠們生活於江河湖蕩中上水層，主要分布在中國東部平原的水域中。每年的十到十一月，為捕撈旺季。顯然我去得正是時候，還真有口福。

其實白絲魚就是台灣的曲腰魚，因為蔣中正特愛，故有「總統魚」的美譽。據《調鼎集》的記載：此魚「身窄腹扁，巨口細鱗，頭尾俱向上，肉裡有小軟刺」，簡單數語，對其形狀特色，可謂描繪傳神。至於其燒製方法，則有蒸、燻、炸、醉、燴、糟、麵托及白魚圓等多種，但台灣的吃法，有別於大陸，除清蒸外，以煮薑絲湯、用豆瓣燒及紅燒，尤為饕客所愛。

白絲魚的風味，雖然不如鰣魚腴美，但其細膩、甜質、帶點清香的食味，絕對不在野生鱸魚之下。

《調鼎集》又指出：「蒸白魚，肉最細，用糟鰣魚同蒸之，亦佳品也。或冬日微醃加酒娘醉二日，蒸用最佳。」我有幸吃到純以清蒸製作的白魚，對其魚肉潔白、細嫩鮮美，以及湯汁清淡可口，讚嘆再三。可惜另兩種加料的（即糟鰣魚和酒娘醉），倒是無緣一試，盼能異日圓夢。

魚中美者數鮰魚

長江上游地區愛清蒸，中游地區喜紅燒，下游地區好白煮，多半整條為之。近來因其具高溫久煮，燙亦不失肉嫩鮮美之特性，切片涮鍋子吃，亦覺非常對味。

洄游於江淮間的鮰魚，以秋季最為肥美，名曰「菊花鮰魚」，肉質鮮美、滋味醇厚。蘇軾居揚州時，頗嗜此魚，曾讚美道：「粉紅石首仍無骨，雪白河豚不藥人。」說牠似石首魚，肉多而無刺，又美如河豚，味美而無毒。可謂對牠推崇備至。

美食家唐魯孫曾談到他三次吃鮰魚的經驗，一次是在江蘇泰縣，是以白地青花三號海碗盛出的「冬筍燜鮰魚」，「無頭截尾，好像一碗走油蹄膀」，滋味則「鹹淡適度，肉緊且細，芳而不濡，爽而不膩」；再一次是去位於漢口市的「老大興館」，由主廚劉開榜親炙的「鮰魚席」，煎、炒、烹、炸、蒸、汆、燉、燴俱全，「郁郁菲菲，眾香發越」，「甘鮮腴肪，味各不同」，他本人最中意的，乃用鮰魚的內臟與豆腐同燒的「魚雜燒豆腐」，座中客曾連盡三碗。另一次則是由武昌四大徽菜館「太白樓」的頭廚蘇萬弓整治，主菜為紅燒、白燉鮰魚各一大缽，前者「膏潤芳鮮」，後者「瓊扈真味」，末上「鮰魚薺菜羹」，魚肉「用雞湯一汆，勾芡加白胡椒、綠香菜，另附油炸的尺許鮰魚細粉絲一盤，呷羹時可以和入，聽客自取」，這席「妙饌」，一直令他「回味醰醰」。

唐魯孫又云：「台灣沒有看見過鮰魚。」這話在十年前的確不假，而今可吃得到，只是還不夠肥，一天供應六尾，遲去絕對向隅。

事實上，鮰魚並非本名，因為大家叫習慣了，原名的「鮠魚」反而不顯。其學名為「長吻鮠」，古稱魾、鱯、鮠等，又有白吉、江團、肥沱等俗名，體裸露無鱗，肉多刺少，號稱「魚中之美者」，是有名的「長江三鮮」之一，上至四川，下至江蘇均產。至於淮河中游所產者，另有一個華麗的名字，叫「回王魚」。其鰾可製成魚肚，極為名貴。

鮰魚在宋代已被列入佳品，明代文獻稱：「河豚有毒能殺人，鰣魚味美但刺多，鮰魚兼有河豚、鮰魚之美，而無兩魚之缺陷。」所言倒是不假。選用時，以二、三斤重者為佳，由於魚體黏味腥，烹調前必須焯水，此為好吃與否之關鍵所在。

烹調的方式，長江上游地區愛清蒸，中游地區喜紅燒，下游地區好白煮，多半整條為之。近來因其具高溫久煮，燙亦不失肉嫩鮮美之特性，切片涮鍋子吃，亦覺非常對味。

早年位於新北市新店區中華路的小館「巷仔內」（後易名「楓林小館」，遷至新生街），便有鮰魚供應。彭老闆功力深厚，具粵、川菜的底子，他燒此魚時，用獨特手法，採豆瓣魚燒法，再佐酒釀醋熘，絕無豆瓣死鹹，兼且提鮮闢腥，釋出縷縷芳甘，十足挑逗味蕾；徐徐送入口中，腴潤細膩立化，端的是妙品，其滋味深得我心。

近有滬上一行，最後的一餐，選在「福一〇三九餐廳」，點了滿滿一桌，菜餚羅列於前，好不熱鬧，其中的「紅燒鮰魚」一味，截去其頭尾、僅用中段精華，採濃油赤醬法烹治，魚略方而隆起，用筷子夾取時，如利刃齒腐朽，在輕微顫動中，白肉似雪而緊，入口細膩滑爽，濃郁芳潤而鮮，味道果然不凡，一食意猶未盡。

香魚燒烤味有餘

日本的香魚料理法，首推抹鹽燒烤。為使燒烤後的魚姿態美觀，則串成「魚躍串」。此法在燒烤之前，先在尾鰭、臀鰭、背鰭、腹鰭上，沾足量的食鹽，接著以旺火遠隔料理。

早年日本料理中的定食，其鹽燒野生香魚一味，不知風靡多少知味識味的食客，而今的定食中，仍有這道鹽燒香魚，但吃來卻不對味。此原因無他，因現在的全是養殖貨，少了那股特有的瓜香。

台灣的野生香魚，早年主要分布於新北市新店溪、桃園縣大漢溪、新竹縣頭前溪及苗栗縣中港溪與後龍溪等地，尤以新店溪的產量最多。猶記得二十餘年前，新店大崎腳附近的「東興樓」，其鹽燒的香魚，便極為出色。不僅尾尾生猛，而且大小合度，加上火候精準，環列白瓷盤中，光是看，就夠讓人猛流口水啦！

被譽為「淡水魚之王」的香魚，屬於鱗科的硬骨魚類，學名叫鰜魚，是鮭魚、鱒魚的近親。秋天順流至下游產卵，稚魚在海裡過冬後，翌春開始從海口向江河洄游，秋季溯達上游，並開始產卵，雌魚大多在產卵後即死亡，只剩少數留在深水處苟活。因肉質細嫩，富含脂肪，烹食香濃，故名香魚。其滋味之佳，可與松江四鰓鱸、富春江鰣魚並列，鼎足而三。

香魚主產於中國閩、浙兩省、台灣及日、韓等地。日、韓量少而小，質量皆不如前三地。浙江的香魚，以雁山及永嘉縣楠溪所出產的最佳。據清乾隆年間編纂的浙江《雁山志》載：「香魚，雁山五珍之一也。」又云：「香魚香而無腥，初春而生，隨時而長，火中焙之，色如黃金，可攜千里。」而浙江永嘉縣楠溪的香魚，則成名更早，早在明神宗萬曆年間，即四方聞名。據清光緒年間纂成的《永嘉縣志》記載：「香魚，味佳而無腥，生清流，唯十月時有。」其內附詩一首，云：「楠江都是釣人居，柳蔭清流一帶疏。好是日斜風色後，半江紅樹賣香魚。」其盛況可知。

閩、台的香魚，同出一源。據清乾隆年間編纂的《南靖縣志》載：「香魚，為炸甚佳。」而光緒年間修成的《漳州府志》亦云：「香魚，出南靖山溪間，為炸甚佳。」由於南靖縣地處九龍江西溪上游，境內山青水秀，河水清澈見底，是香魚最理想的棲身處。大約每年秋末，九龍江的香魚大量排卵，漂流至金門附近海域，然後在台灣海峽繁殖成小香魚；次年春末，小香魚又成群結隊，上溯至故鄉九龍江，由此形成一年一度的香魚汛期。在這段期間內，海內外的遊客及釣客，紛紛前來賞魚或垂釣，帶動陣陣人潮。

至於台灣的香魚，相傳鄭成功收復台灣後，其部眾自九龍江攜至新店溪繁殖，為緬懷鄭成功，故稱香魚為「國姓魚」，此說法見於連橫的《雅言》。另，《淡水廳志》亦謂此魚「鄭氏至台始有。香魚產溪澗中，月長一寸至八九月而肥，台北以為上珍。」

日本的香魚料理法，首推抹鹽燒烤。而為使燒烤後的魚姿態美觀，則串成「魚躍串」。此法為在燒烤之前，先在尾鰭、臀鰭、背鰭、腹鰭上，沾足量的食鹽，接著以旺火遠隔料理。其妙在能品出牠獨特的香氣，以及清淡的風味，肝、腸尤其是美味所在。

浙江人的熏焙製法，頗饒情趣。置香魚於炭火上，以文火慢慢熏焙，待魚體內的香脂滲至體表，整魚色呈金黃，肉脆而酥，芳香撲鼻之際送口，必「清甜味有餘」。

閩、台的燒法雷同，以炸為主。將整條魚（不棄細鱗）油炸回鍋，再配上蔥、蒜、薑、醋，作為佐酒之物，香酥無比，帶卵者尤佳。難怪日本詩人尾崎大村嘗罷，讚不絕口，賦出名句：「新店香魚天下魁，銀鱗無數壓波來，一罟羅得三千尾，向晚溪流喚酒杯。」

台灣的野生香魚，因未加以保護，產量逐年減少，幾已宣告絕跡。而養殖的香魚，肉軟腹腴，肥而且油，滋味差矣。聽說日本的養魚業者，為了讓魚有天然的風味，特地在魚飼料中，加入適量藻類，甚至在養殖池內下功夫。深盼台灣的業者，也能準此辦理，進而超前。使香魚再度散發「野」味，揚名天下，造福食林。

青魚頭尾超味美

台灣當下的江浙餐館，罕見頭尾合烹，都是分別料理，仍沿襲著舊名，頭的部分稱之為「下巴」，尾的部分則名為「划水」。

在淡水魚中，我深愛青魚，尤垂涎其頭尾。清代名醫王士雄的《隨息居飲食譜》中，謂「其頭尾烹鮮極美」，此言深得我心，引為平生知已。

青魚，一稱鯖魚，其頭多軟組織，質感腴糯，真有吃頭。鰓蓋下有一塊核桃肉，嫩賽豆腐，更是精華所在。早年上海「和平飯店」的名菜「紅燒葡萄」，即單用青魚頭，將它剖成兩半，以魚眼為中心，修成圓形，狀似葡萄，因而得名。以十四個為一份，工細料精，譽滿中華。此外，上海有道老菜「燒白梅」，專用青魚的眼窩肉製作，腴滑無雙，一吮下肚，大受老饕歡迎，乃不可多得之尤物。

單用魚頭製作，通稱「紅燒下巴」，以往台灣有規模的江浙餐館在試廚時，皆要求燒製此菜，即知其烹飪水平之高低。一旦燒得過生、過熟、沒有壓住腥味或鹹淡拿捏不準，顯示他的能耐有限，其他就不用再試了。

在製作紅燒下巴時，從選好的魚頭側面，先一刀切對半，再用刀背輕拍數下，力道要恰到好處。如此，下巴燒的時候，才會充分入味，魚骨亦達酥散可食的最高境界。接著以大蒜在炒鍋爆香，反面朝上放入下巴，約燜燒一刻鐘，俟其大致入味，即將下巴翻面，澆淋高湯續燒，以大火收成濃汁，最後加點香油勾芡即成。

品嘗紅燒下巴，搭配些青蒜絲，頗有解膩之功。而好此味高手，常會連肉帶骨，吃得盤底朝天，末了，再以醬汁拌上白飯，吃到涓滴不存為止。且在老一輩饕客的心目中，燒到極致的下巴，較諸魚翅和鮑魚，猶勝個三分。其滋味之佳妙，難怪「臨川靜惠王（蕭）宏好食鯖魚頭，常日進三百」，可謂知味識味之人。

由於青魚尾巴上的肉是「活肉」，特別鮮嫩可口，一稱划水。名菜有上海菜的「燒划水」，成菜醬紅亮晶，肥腴鮮美。另有「湯划水」一味，亦是滬菜上品，嗜食者不乏其人。

而將青魚頭尾合烹，名氣最大的，莫過於河南開封府「又一新飯莊」的「煎扒鯖魚頭尾」，以「骨酥肉爛，香味醇美」著稱。又，坐落上海大陸商場的「老正興菜館」，擅長紅燒青魚，尤其是頭尾。它的招牌名菜，就是「青魚下巴甩水」，造型十分美觀。其燒製之法為：把兩片完整的下巴，置於幾條魚尾兩側，望之有如活魚浮於水面甩水一般。加上其色澤醬紅，肉質腴嫩，味鮮醇厚，更是勾人饞涎，它能馳名中外，成為滬上名菜，絕非倖致。

台灣當下的江浙餐館，罕見頭尾合烹，都是分別料理，仍沿襲著舊名，頭的部分稱之為「下巴」，尾的部分則名為「划水」。只是有的店家，居然偷懶取巧，先蒸熟再澆汁，肉質尚稱腴美，然而全不入味，讓人吃在嘴裡，只能徒呼負負。

青魚腹中有珍寶

青魚的鱗、鰾及卵，亦能入饌。其腸俗稱「禿卷」，所謂的「卷」，乃因魚腸加熟後會捲曲成環，故又名「卷菜」，它可以燒製成湯，亦能用蔥，醬爆炒，食來甚脆，皆為佐酒雋品。

清代大食家袁枚在《隨園食單》的「選用須知」中指出：「炒魚片用青魚、季魚」，真是知味之言。其實，青魚之為用大矣哉，豈只炒魚片而已。還是名醫王士雄看得透徹，表明它不但「可鱠可脯可醉，……腸臟亦肥鮮可口」；同時「鱠，以諸魚之鮮活者劊切而成，青魚最勝……鮓，以鹽、糝醞釀而成，俗所謂糟魚，醉鯗是也，惟青魚為最美，補胃醒脾，溫營化食」；而最妙的是，青魚具有「養胃除煩滿，化濕祛風，治腳氣腳弱」的食療效果，對其評價極高，冠於河鮮諸魚之上。

青魚的頭尾固然極佳，但它的中段，更是非比等閒，由於它肉厚而嫩，皮厚膠多，肥美可口，刺兒又少，大受歡迎。例如又稱魚身的中段，可燒製成各式各樣的佳餚。整段運用的話，既可紅燒、可豆瓣，也可用於熘、炸、清蒸、煎、貼、燜、扒、熏、烤等烹調方法成菜。若用切塊製作，則用粉蒸。另能剔骨取肉，製成魚丸；更能批片、切絲、條、粒及斬茸，做進一步的加工。此外，它尚可搭肉混燒，像搭配鹹肉燒製的「醃川」，就是一道津津有味的江浙菜，另，浙江嘉善地區的名菜「青魚白餅」，真的很有意思，它是用青魚肉茸加肥豬肉末製成小圓餅，再經煮製而成，遠近馳名。

魚身中段的腹邊，古稱「腹腴」，軟嫩腴潤，尤為美味所在，亦會單獨取用，燒出頂級珍味，像安徽菜的「紅燒肚艡」，湖北菜的「油燉青魚軟邊」等，均是饕客耳熟能詳的名菜。

青魚皮亦不能輕棄，湖北的新饌「麻花魚皮」，即以此製成，魚皮油潤滑嫩，麻花酥脆而香，酸甜可人，非常討喜。至於客家人的吃法，則是煮至剛斷生後，即蘸蔥絲、薑茸的醬汁或芥末醬油而食，甚妙。

有趣的是，青魚的鱗、鰾及卵，亦能入饌。但更特別者為，「腸臟亦肥鮮可口」。其腸俗稱「禿卷」，所謂的「卷」，乃因魚腸加熟後會捲曲成環，故又名「卷菜」，它可以燒製成湯，亦能用蔥、醬爆炒，食來甚脆，皆為佐酒雋品。但論起我的最愛，反而是「禿肺」，它不是肺，而是肝，此菜通常紅燒，腴滑而潤，入口即化，端的是妙品。而今在台灣，好食青魚者日漸稀少，數量因而有限，以致常肝、腸同燒，滋味相當特別，只要燒得夠好，管它是肝是腸。

總之，一身都是寶的青魚，值得細品，多多益善。

蓮房魚包有別趣

以香料、酒、醬拌好的鱖魚塊，嵌入處理好的嫩蓮蓬孔內，蒸熟即可食用。亦可在蓮蓬的內外，塗上一層蜂蜜，然後盛盤上桌。

文人雅士宴飲時，少不得詩酒應酬，彼此唱和一番。在這時節，賦詩詠此一日之歡的，多半是些陳腔濫調，不是講盛會如何難再，便是談與會人士怎樣盡興，讀來有夠乏「味」，讓人覺得無聊。以下這樁雅事，倒是滌盡凡俗。

原來南宋人李春坊在家設宴，美食家林洪亦在受邀之列。他不願隨眾起舞，卻作詩大讚佳餚，描狀繪物寓意，寫得十分生動。主人大喜，馬上送他一只端硯及五錠龍墨，賓主盡歡而散。

林洪的即席詩云：「錦瓣金蓑織幾重，問魚何事得相容？湧身既入蓮房去，好度華池獨化龍。」詩中所引用的是西王母瑤池中植蓮養魚，其魚可在華池裡修行成龍的神話故事。口采既好，立意又妙，難怪李春坊樂不可支，慷慨致贈厚禮，傳為食壇佳話。

此菜構思精巧，做工考究，的確不同凡響。它首先「將蓮花中嫩房（指蓮的嫩蓮蓬，因蓮的外包各以其孔相隔如房）去穰截底（即切下底部的蒂），剜穰留其孔。以酒、醬、香料加活（現宰的）鱖魚塊，實其肉，仍以底坐甑（煮物之瓦器，上大下小，底有七孔）內蒸熟。或中外塗以蜜出楪。」換句話說，它是用香料、酒、醬拌好的鱖魚塊，嵌入處理好的嫩蓮蓬孔內，蒸熟即可食用。亦可在蓮蓬的內外，塗上一層蜂蜜，然後盛盤上桌。

這道菜除中吃外，其擺設也有特色，是「用『漁父三鮮』供之。三鮮：蓮、菊、菱，湯齏也。」亦即在主菜旁邊陪襯的，為打魚人家常供食的蓮藕、菊花和菱角這三鮮，均切碎再煮湯。而在享用之時，先食魚肉，再喝鮮湯。表裡內外精采，可謂相得益彰。

而號稱「淡水老鼠斑」的鱖魚，又稱水豚、水底羊、鰐花魚，「巨口而細鱗，皮厚而肉緊，特異凡常」，有「補虛勞、益脾胃」及「益人氣力，令人肥健」的食療效果。不過，此魚雖在中國各流域分布極廣，唯台灣並不多見。諸君想燒這個菜，不妨改用海裡各式各樣的石斑魚替代。另，蒸魚的炊具不拘，即使是用電鍋，只要控好火候，照樣好吃得緊。三伏天為產鮮藕旺季，一旦錯過產季，就得寄望來年，幸好乾藕亦可代替，只是滋味略遜而已。

砂鍋魚頭饒滋味

製作此菜時，先行將鰱魚頭炸過，只需加凍豆腐、竹筍片、寬粉條與蔥、酒、醬，稍微以辣提味，即是無上妙品。

當下在台灣的中菜館中，幾乎家家必備的佳餚，若論其中的佼佼者，砂鍋魚頭這味，確可當之無愧。然而，這道杭州名菜，卻在台灣大放異彩，甚且幻化出無數分身，這等離奇現象，也算食林一絕，讓人目瞪口呆。

清代美食家袁枚在《隨園食單》一書裡寫著：「鰱魚豆腐，用大鰱魚煎熟，加豆腐，噴漿水，蔥、油滾之，俟湯色半白起鍋，其頭味尤美，此杭州菜也。」披露其來歷及做法，寥寥數句，明白曉暢，廣為後世所取法。

事實上，文中所指的鰱魚，不一定是指被稱為「白鰱」、「鰱子」、「白腳鰱」的鰱魚，反而是與鰱魚、草魚、青魚合稱為「四大家魚」的鱅魚。鱅魚另稱「花鰱」、「黑鰱」及「黃鰱」，以其頭大著稱，故一名「胖頭魚」。此魚之頭，風味絕佳，富含膠質，肉質肥潤，挺有吃頭，有「去頭眩，益腦髓」之功。此外，此頭除鰓和骨外，無廢棄之物。打開鰓蓋子，喉邊與鰓連結處的「胡桃肉」，嫩如豬腦，甘美無比，尤能令嗜魚的老饕食指大動，甘之如飴。

至於此菜的由來，滿有意思。相傳乾隆皇帝微服遊覽西湖時，來到了吳山下，趕巧逢大雷雨，眾人無法可想，只好直奔一家小飯店內避雨，肌寒交迫，好不狼狽。店主人王小二見狀，只好將店裡僅存的半個鰱魚頭和一方豆腐等，燒成一大鍋菜，端給乾隆等一行人充飢，個個吃得極香，無不誇其味美。等到乾隆返京，一念及其滋味，每每廢箸而歎。乃趁下次南巡，重遊舊地之時，特地叫嘗此菜，覺得味道仍美，便題了「皇飯兒」三字相贈。大家至此才知道皇上欣賞這個味兒。於是在好事者奔走相告下，吏民爭相光顧，生意十分興隆。王小二從此專賣砂鍋魚頭豆腐，成為杭州名菜，竟與東坡肉等名饌齊名。

其實，在製作此菜時，先行將鰱魚頭炸過，只需加凍豆腐、竹筍片、寬粉條與蔥、酒、醬，稍微以辣提味，即是無上妙品。不過，經一世紀以來，各省菜在台灣交匯並發酵後，各路人馬，互顯神通。魚頭有的用價較廉宜的青魚、草魚或鯉魚，也有用海味的紅鮒、鯽魚、鱈魚、鰆魚等，五花八門，目為之眩。尤有甚者，現代人追求時髦，吃時不主一味，喜以料多取勝，除以上的食材外，還會下香菇、青蒜、豆瓣醬、沙茶醬、家鄉肉、小肉丸、油豆腐、大白菜，甚至有放魚板、貢丸或高麗菜者。眾味雜陳，雖呼過癮，終究以紫奪朱，全然不是原貌。

話說回來，我個人所欣賞的，仍是傳統的滋味。整鍋色呈乳白，外觀式樣素雅，魚頭滑腴而嫩，魚肉軟中帶勁，湯鮮且豆腐爽，香氣瀰漫四溢，吃時連鍋而上。處此氤氳氛圍，真個是「別有天地非人間」，「但願長醉不復醒」了。

馬鮫吃巧製魚羹

馬鮫富含脂肪，鮮肥適口，洗淨即可烹製。台灣人甚愛在切片後，先以文火煎透，再用武火把外表煎至色呈黃褐，口感外酥內嫩之際食用，既下飯又佐酒，堪稱人間妙味。

一名鰆魚的馬鮫魚，一向是中國東部沿海和南海主要經濟魚種。此魚《說文》稱作鰉鮊，至明代屠本畯的《閩中海錯疏》，始見馬鮫之名。清代食家李調元在《然犀志》中指出：「馬膏魚，即馬鮫魚也。皮上亦微有珠，……其味甚美。出昌化。」台灣出產的馬鮫魚有七種，白北仔（斑點馬鮫）和魠魠魚（康氏馬鮫）尤負盛名，四周海域皆產，棲息範圍甚廣，屬暖水性沿岸型魚類，性兇猛而迅捷，食性為肉食性。由於其體型較大，市場上很少整尾出售，多半為切塊分售。比較起來，鹿港人士特愛前者，府城居民則偏嗜後者。

據傳魠魠魚為「提督魚」的一音之轉。清聖祖康熙廿二年（公元一六八三年）水師提督施琅，統率戰艦三百艘，水軍二萬，自福州出海攻台。先陷澎湖，進泊鹿耳門。明延平郡王鄭克塽出降。台灣遂入中國版圖。當此之時，施琅進駐明寧靖王府內，此即今日之「大天后宮」。

靖海侯施琅對漁民敬獻的馬鮫魚情有獨鍾，百姓乃稱此魚為「提督魚」，久而久之，以台語發聲故，走音成「魠魠魚」，此稱相沿至今，成為食林趣談。

馬鮫富含脂肪，鮮肥適口，多半家常食用，洗淨即可烹製，江浙一帶居民，大都紅燒料理，亦能以乾炸、軟熘、脆熘等方式燒製，同時還可燉湯或煮粥。其肉質黏滑帶爽，具特有香味，甚至可以製作魚丸、魚麵和餃子餡等。台灣人甚愛在切片後，先以文火煎透，再用武火把外表煎至色呈黃褐，口感外酥內嫩之際食用，既下飯又佐酒，堪稱人間妙味。

魠魠魚的產季，約在當年十月至翌年元月間，不到半年，受限時節。自民國六十三年新安平開港後，遠洋漁業興盛，魚源充足穩定，於是乎府城魚羹的攤子林立。魠魠魚在價位及肉質兩勝下，終於脫穎而出，成為一款新食，頗受食客歡迎。在推波助瀾下，台灣地域不分南北，即使澎湖外島，亦可見其芳蹤，其盛況果非尋常者可及。

魠魠魚羹吃法雖新，但手法互異，搭配的菜蔬，亦有所不同。且以台南市區西門市場內的「鄭記」和保安市場前的「呂記」為例，前者將魚整治切塊後，以調料醃漬，俟其入味後，裹以地瓜粉油炸，接著爆香蒜丁，加糖、鹽等調料，注清水勾芡，再下大白菜即成。湯頭於清甜外，蘊含濃郁蒜香，吃前添加香菜段和五印醋，食來大有風味。後者製法雷同，只是湯頭增添柴魚汁提味，搭配的菜蔬則為高麗菜，其羹鮮清而甘，味走輕靈，亦為佳構。

品嘗魠魠魚羹，一口魚肉，一口羹湯，酥韌、爽滑、甘甜、鮮清、嫩腴、微酸俱全，於五味雜陳外，又天衣無縫，這種環環相扣，好似緊湊人生，其間不能容髮，可謂張力十足。

梁溪脆鱔風味佳

鱔魚剔盡骨頭，劃成整條鱔肉，洗淨瀝乾水分，放入油鍋以大、小火反覆炸透。另以蔥花、薑末在鍋內煸香，加黃酒、醬油及白糖等，燒沸成滷汁，隨即將炸脆的鱔魚與汁用力顛翻幾下，入味後淋些麻油，再放些薑絲點綴即成。

江蘇五大菜系之一的蘇錫幫菜，主要由蘇州菜與無錫菜所組成，其滋味之佳美，向與另一支的淮揚菜並稱，其口味以偏甜取勝。而在無錫菜中，又以太湖的船菜最為知名，聲譽之隆，一度響遍大江南北。

無錫市古名梁溪，南濱太湖，西倚惠山，山明水秀，風景絕美。梁溪乃一條流經城西的清流，漁產豐富，新鮮肥腴，鱔魚的質地尤佳。當地的廚師以地利之便，擅製骨細肉嫩的鱔魚。是以船菜中的美饌，自然以梁溪脆鱔最有口碑，亦最具代表性。

清文宗咸豐年間始出現的脆鱔，由無錫惠山直街的一家小飯館首先推出應市。其老闆名朱秉心（綽號叫大眼睛），繼承祖業，身懷絕技。朱家世代以烹製魚饌揚名，他便在父祖輩的烹飪基礎上，不斷翻新花樣，終而製成脆鱔。由於風味別致，加上香脆可口，因而聲名大振，人們為便於稱呼，直接叫它「大眼睛脆鱔」。

脆鱔果然不同凡響。最早是吃麵時，點它個一盤，就著麵條吃，如果吃不完，用草紙包緊，以雙手壓搓，隨即成粉狀，紛紛落麵上，當作麵澆頭，食來別有滋味。接著換個法兒，在吃白湯麵時，或與火腿（名脆火）同上，或與雞肉（叫雞脆）共享，一樣好吃得緊。後再改頭換面，搖身變成頭盤，可以充冷菜用。又因它能經久不壞（能放個兩天而風味不變），且便於攜帶，遂成了餽贈親友的佳品，四遠皆知。

民國之後，無錫的「大新樓」率先將脆鱔當成筵席菜，提升其檔次。再經「二水園餐廳」的改進，脆鱔酥鬆爽脆，一點不軟不皮，裝盤交叉搭高，形似火焰、寶塔，從此聲價陡漲，一躍而成無錫上等筵席的常備珍饈。

基本上，脆鱔的做法為：把粗不過指的鱔魚，在剔盡骨頭後，劃成整條鱔肉，洗淨瀝乾水分，放入油鍋以大、小火反覆炸透後，先置一旁備用。另以蔥花、薑末在鍋內煸香，加黃酒、醬油及白糖等，燒沸成滷汁，隨即將炸脆的鱔魚與汁用力顛翻幾下，俟入味後，淋些麻油，起鍋裝盤，再放些薑絲點綴即成。

成品烏黑油亮，鬆透酥香，鹹甜調和的脆鱔，在當下台灣的江浙館子裡，屢見其芳蹤，滋味甚妙，膾炙人口，一直是吃家眼中的珍品，不但宜於冷食、熱吃，而且可以配飯、下酒，難怪在大宴、小酌中，始終都少不得它。我個人甚喜食此，搭配黃酒固然甚佳，用燒酒、威士忌佐食，亦能品出其至味。每逢秋高氣爽或秋老虎當令的時節，一邊吃菜，一邊下酒，那種痛快淋漓，讓人流連忘返。

糟溜魚片惹帝思

將魚肉切成片狀，加精鹽、雞蛋清、濕澱粉等抓勻，下溫油鍋中炸熟，撈出瀝油。勺內加油，放蔥、薑、蒜末爆鍋，添入清湯、精鹽、香糟汁、醋、白糖、冬筍片、黃瓜片及魚片等，燒開後，以少許濕澱粉勾芡，淋上芝麻油，起鍋即成。

糟溜魚片，是山東烟台地區的傳統名菜，距今至少六百年。老早即由當地「福山幫」的廚師發揚光大，一向是台灣一些北方館子必備的佳肴，普受人們歡迎，似乎不點此菜，即未入其門庭。

據說明穆宗隆慶年間（公元一五六七年至一五七二年），兵部尚書郭忠皋返鄉，趁探親之便，從老家福山物色一名廚。返抵京師時，適逢皇帝朱載垕想為寵妃做壽，宴請文武百官。為博寵妃一粲，便思來些新菜，換換平日口味。郭尚書於是「內舉不避親」，力薦這名大廚主持御宴，這在當時可是一樁極光彩的大事哩！

大廚為感謝知遇之恩，使出畢生絕活，把御宴辦得非常出色，新菜源源推出，一新本來面目，滿朝文武胃口全開，無不開懷暢飲，大家盡歡而散。

朱載垕大醉後，直到翌日日上三竿，方才酒醒，對這頓美味讚不絕口，下旨褒獎重賞。數年後，那名大廚辭別郭府，還鄉終老。

一日，朱載垕龍體欠安，不思飲食，惟獨對那位福山廚師當年所燒製的糟溜魚片，念念不忘。皇后娘娘知悉後，隨即派遣半副鑾駕趕往福山宣旨，召那名廚師及兩名高徒入宮治饌。後來，那名廚師的家鄉，被易名為「鑾駕莊」，遺跡至今猶存。

製作此菜時，最好是用大黃魚，青魚、鱈魚、鱖魚，勉可應用。首先將魚肉切成片狀，加精鹽、雞蛋清、溼澱粉等抓勻，然後下溫油鍋中炸熟，撈出瀝盡油。再於勺內加油，放蔥、薑、蒜末爆鍋，添入清湯、精鹽、香糟汁、醋、白糖、冬筍片（亦可用綠竹筍，不宜用玉蘭片）、黃瓜片（可有可無）及魚片等，俟燒開後，即以少許濕澱粉勾芡，淋上芝麻油，起鍋裝盤即成。

此菜妙在軟嫩滑潤，鮮美中透濃郁的糟香味，炎夏品嘗，尤覺適口。

我曾在香港九龍彌敦道上的「北京酒樓」，吃到質地細嫩，糟香味濃，芡汁黃亮的上好糟溜魚片。取此佐飲罈裝紹興花雕酒，酒香菜香交融，食罷久久難忘。

近赴蘇州木瀆的「石家飯店」，點了其招牌菜之一的「糟溜黑魚片」，用黑魚燒此菜，效果出奇的好。黑魚即塘鱧魚，蘇州人特重之，一提到塘鱧魚，無不眉飛色舞。這道菜之妙，在黑白分明，皮黑肉雪白，能相得益彰，一望即醒目，糟香甚清新，芡汁呈鵝黃，入口極滑腴。其味之甘美，似較「北京酒樓」所食者，多雋永之意，收綿長之功。

鯪魚「麻雀變鳳凰」

七、八〇年代，港澳的餐廳相繼推出「鯪魚宴」或「鯪魚全餐」。除傳統的「鼓汁蒸鯪魚」、「酥炸鯪魚排」、「鯪魚葛粉湯」、「釀鯪魚肚」外，再燒出十多款風味迥異的菜式，有炒、有焗、有煎、有焗、有烤、有羹等……

我初嘗鯪魚，是在新店市一粵菜館內。當天事先預訂的打邊爐中，就有鯪魚球一味，這可是店家來自澳門的主廚，特地為我們所做的拿手菜。由於頭回吃到，自然十分新奇，且對牠的滋味，一直念念不忘。而今，又嘗了十來次，仍覺其味甚美。

台灣稱鯁魚的鯪魚，乃珠江水系西江的特產，易養快長，量多價平，生產成本低，群體產量高，曾居西江魚塘「四大家魚（另三種為草魚、鰱魚、鱅魚）」之首。有趣的是，何以廣東話叫牠「土鯪魚」呢？說穿了，不外乎其細刺極多，吃時稍不留神，不是卡住喉嚨，就是扎傷嘴巴，讓食者既恨且惱，故有「鯪魚好食刺難防」之說。因此，只能當家常菜餚，根本上不了檯面。如果非用牠來宴客，須經千錘百鍊，完全去其骨刺。經此番加工後，所製成的魚膠，或打成的丸子，才能裝盤奉客。所以，其上冠一「土」字，無非表明牠出自寒門，不能「登大雅之堂」。

不過，早年在廣州聽人談起吃土鯪魚，絕非食魚而已，通常意有別指。其中的玄機，極耐人尋味。

原來舊日商旅雲集的廣州，多的是腰纏萬貫的富豪，而且大半聚居西關一帶，家事全由「媽姐」（亦即女傭）代勞。這些所謂的媽姐們，以來自廣東順德的最搶手，由於這裡的姑娘頗具姿色，而且挺能幹活，燒菜更一級棒，用來得心應手。一旦媽姐僱用久了，有的難免會與主人暗通款曲，甚至陳倉暗渡。結果，「生米煮成熟飯」，只好留作侍妾。可是這種作為，對一個尚無妻室的社會名流而言，實在很不體面，於是此權宜舉措，就如吃土鯪魚般，其滋味固然甚美，卻不能拋頭露面，故好事者逮住機會，不免附會張揚，順便揶揄一番。

儘管鯪魚細骨頭多，但其肉質細嫩滑美，且價格又十分便宜，以致愛吃的，不拘貧富，大有人在。廣州的一些酒樓或食肆，覷準商機無限，為了大廣招徠，仍會以此奉客。二十世紀七、八〇年代，港澳的餐廳紛紛搶進，相繼推出「鯪魚宴」或「鯪魚全餐」。除在傳統的「豉汁蒸鯪魚」、「酥炸鯪魚排」、「鯪魚葛粉湯」、「鑲鯪魚肚」外，再燒出十多款風味迥異的菜式，有炒、有焗、有煎、有燜、有烤、有羹等，琳琅滿目，美不勝收。既具特色，而且划算，尤受饕客歡迎，難怪盛行一時。

此外，兩廣人士最重口采，正好鯪魚與「零餘」同音，意即「年年有餘」。是以珠江三角洲一帶，民間每逢過年，家家戶戶都會拎上幾尾鯪魚回家，圖個好兆頭，看來，鯪魚的妙用甚多，早就已鹹魚翻身，一度還「飛上枝頭變鳳凰」哩！

生魚片撲朔迷離

《詩經・小雅・六月》：飲御諸友，包鱉膾鯉。包鱉，即以文火煮甲魚；膾鯉，就是細切鯉魚肉，也就是今稱「魚生」的生魚片。

當下在台灣，一談到「刺身」，大多數人就知道是生魚片，而且是日本料理。然而，刺身的本尊為膾，即細切肉。據《禮記・少儀》的說法，凡「牛羊與魚之腥，聶而切之為膾」。意即先斬成大塊肉，再細切成膾。講究些的，《釋名・釋飲食》指出：「膾，會也。細切肉，令散，分其赤、白，異切之，已乃，會合和之也。」原來它是把細切的牛、羊、豬、魚之肉，區分紅、白，分別切好，再混合在一塊兒，由此亦可見古人造字之妙。到了後來，因魚用得特別多，另寫作「鱠」，專指生切魚絲或片。關於鱠的起源，早在南北朝時，就有一段公案，雙方唇槍舌劍，各自引經據典，結果一笑置之，也算很有意思。

話說齊高帝蕭道成置酒作樂，當羹、鱠同上時，大臣崔祖思不假思索地說：「這是南北所推重的美味啊！」在座的沈文季不以為然，指出：「羹鱠乃吳地所食，怎能說成南北都推重呢？」祖思則譏誚道：「『炰鱉鱠鯉』，似乎不是句吳詩吧！」文季不甘示弱，反唇辯詰說：「『蓴羹鱸鱠』的出典，應該是與魯、衛無關的。」兩人互不相讓，皇帝親自解圍，笑稱：「既然如此，那碗蓴羹，文季當仁不讓，就直接喝了它。」

這場論辯，各執一辭，提到「蓴羹鱸鱠」和「炰鱉鱠鯉」這兩則典故，到底誰先誰後？且各溯其本源。

先談談「蓴羹鱸鱠」，這確為吳人美食。其實，比起西晉張翰的「蓴鱸之思」來，早在七、八百年前，春秋時期的吳王闔閭，為歡迎大將子胥伐楚歸來，即為之治鱠慶功了。是以《吳越春秋》記載：「吳人作鱠者，自闔閭之造也。」闔閭卒於公元前四九六年，推算至今，已超過二千五百年光景，可謂源遠流長。

再考證「炰鱉鱠鯉」，此詩出自《詩經．小雅．六月》，詩中所描述的，乃西周宣王時，重臣尹吉甫北征玁狁得勝歸來，宴請親友時的情景。炰鱉，即以文火煮甲魚；鱠鯉，就是細切鯉魚肉，也就是今稱「魚生」的生魚片。照此算來，乃發生於公元前八二三年時的事了，就文字記載而言，比起闔閭作鱠，約早個三百年。

從文獻上來看，食鱠這檔事呢？確實北先於南，只是沿海先民食鱠的歷史，真的會較內陸先民還晚嗎？令人難以置信。又，《禮記》等書談到先民祭祀祖先的大典時，祭品中必有「玄酒」、「俎腥魚」。玄酒指的是清水，俎腥魚則是切好的魚肉。先秦王室，食有八珍，飲有六味，但最重視的祭祖，居然如此簡易？有點讓人費解。還是《史記‧樂記》說得好，其意在「貴飲食之本也」。從而得知，先秦古人並未忘記他們的老祖宗原本就是喝涼水、食生魚為生的。由此可見，古人食鱠乃原始之遺風，孰先孰後？無關宏旨。

北關魩仔極鮮清

魩仔生食最鮮，取此煮湯作羹，或製成魩仔煎，都是一等一。在市場習見以籮筐盛放的，一律是煮過的熟魩，甚至煮熟再曬乾的魩仔脯，雖非生鮮妙品，但只要一小撮，亦有提鮮作用。

嗜食魚生（即沙西米）的我，愈老愈甚，過口無敵。其中，最讓我驚豔的，竟然是吃魩仔的初體驗。

那回印象之深刻，至今仍難磨滅。當大夥痛飲啤酒、恣享海鮮之際，老闆說今天進貨時，發現一樣特別新鮮的好東西，免費提供。待獻寶後，同桌人一看，不免犯嘀咕，這能生吃嗎？

原來他端出來的，正是魩仔。盛在小盅玻璃器皿內，四周皆是冰塊，魚則尾尾透亮，彷彿融為一體，在燈光下晶閃，色相極為誘人。夾起入口細品，甘甜鮮糯，餘味不盡，果然好味。急請老闆再送，回說貨源有限，今天僅此一盅，明兒個請趁早，真是吊足胃口。

魩仔是鯷科仔稚魚，長僅及寸，火柴棒粗，半透明狀，煮熟後則呈乳白色，喜隨攝氏二十四度海水等溫線，作越洋洄游，約於每年春秋兩季，出現於台灣東北角海域或福建廈門一帶的外海，向以宜蘭縣頭城鎮的梗枋港，做為捕撈重鎮，極盛時，專業魩仔船可達三百艘之多。不消說，老闆的生鮮魩仔，就是每天在這裡採購，再趁著夕陽餘暉，火速送回台北店裡的。

台灣叫的魩仔魚，大陸則稱吻仔魚。另有銀槍魚、文昌魚、蛞蝓魚、鱷魚蟲、米魚、無頭魚、薪擔物等名目。每一個名字的背後，都有一個典故，實在很有意思。

之所以稱為銀槍魚，主要是以其形色而得名。依李綉伊《紫燕金魚寶》的記載：「魚產同安劉五店。長寸餘，色白銀無鱗，首尾俱尖，有似銀槍，故稱。」

取名文昌魚，就有點匪夷所思了。據《同安縣志》的說法，此魚「文昌（神名，世稱文昌帝君，主管功名）誕辰時方有，故名」。認為其名與文昌帝君脫不了干係。

另一說則認為「文昌」乃「銀槍」二字諧音而誤讀或雅化，似亦言之成理。

稱其為「蛞蝓魚」，緣自十八世紀末，德國動物學家巴拉斯（P. S. Pallas）得其友人自Cornuall海岸寄來的魩仔魚標本一尾，因他從未見過這種從無脊椎動物進化至脊椎動物的過渡生物，經研究後，誤判牠是軟體動物蛞蝓的一支，乃命名為Limax Lanceolatrus，意即形如槍的蛞蝓。所以，一九七九年版的《辭海》，特別將此收錄，寫成別稱「蛞蝓魚」。

把牠叫成「鱷魚蟲」，簡直就是神話，卻有兩種說法。一說韓愈在潮州撰文祭鱷魚後，當天夜裡，狂風暴雨，雷電交作。再過幾天，江水全乾，鱷雖冥頑，不得不俯首遠遁，在遷徙過程中，一不小心負傷，逃至劉五店後，身體腐化成蟲，竟變成魩仔魚。另一說也很扯，亦出自《紫燕金魚寶》，寫著「（同安）劉五店之鱷魚石，朱熹非惡其名也，係該石開口向署（指衙門）作噬狀，某日朱子（朱熹之尊稱）升座，故以硃筆遙擲之，石隕而魚產生」。把理學的大宗師，居然描述成收妖的老道士，比傳奇更傳奇。

「米魚」是泉州、安海、石井等地人的叫法。相傳鄭成功有次屯兵海上時，船抵同安、石井，因乏下飯菜料，便下令把大量的白飯傾倒入海，片時海面湧出無數小魚，兵士連忙撒網撈起，成為道道美味佳肴。其實，魩仔本身覓食浮游生物，但牠除人類外，常被鯖、鰹掠食。

而牠被稱為「無頭魚」和「薪擔物」的道理，則與「銀槍」同。大凡魚皆有頭，唯獨魩仔的頭與身，乍看之下難分，因而得名。又，其兩端尖細，呈長梭形，像煞扁擔，遂得這一怪名。

魩仔生食最鮮，取此煮湯作羹，或製成魩仔煎，都是一等一的。在市場習見以籮筐盛放的，一律是煮過的熟魩，甚至煮熟再曬乾的魩仔脯，雖非生鮮妙品，但只要一小撮，亦有提鮮作用。

想要狂啖魩仔，可赴梗枋的海鮮店；想更經濟實惠，轉到北濱公路旁的北關風景區，應是不二選擇。此地又名蘭城公園，在北迴鐵路龜山站附近，與太平洋中的龜山島相對，景致極佳。風景區內有一小吃攤的集中地，每以「生魩」作招徠，強調此是全台唯一可直接吃生魩煮的魩仔湯。我以前在此吃不下十回，湯清而鮮，頗為適口。

目前環保意識抬頭，有謂痛食魩仔魚，將導致資源匱乏。我本愛食此味，為了響應環保，已有許久未吃，只盼牠能早日恢復生機，再度成為餐桌主角。如此則製造雙贏，天下蒼生幸甚，自然包括饕客在內。

茉莉魷魚卷一絕

大大有名的明前茉莉花茶，乃選用清明前採製的優質綠茶窨以伏花而成。極宜製湯燒菜。茉莉魷魚卷得以名列「經典梅家菜」之一，此茶居功厥偉。

在談這道經典名菜前，得先談談它特殊的際遇。

話說今日在台北尚可吃到的川揚菜，其在上海結合，始於「梅龍鎮酒家」，其店名取自京戲的〈遊龍戲鳳〉。後因生意清淡，乃由藝文界的韓蘭根買下，請名媛吳湄出任經理。她有先見之明，認為日本必敗，要員將返滬上，乃在原本淮揚名饌的基礎上，特聘川幫名廚沈子芳掌勺。而為迎合地方人士的口味，其川菜走輕麻微辣路線，並創製了貴妃雞、乾燒明蝦、乾燒鯽魚、龍圓豆腐（龍眼蝦仁燒豆腐）、芹黃鵪鶉絲、香酥鴨、陳皮牛肉、梅龍鎮雞、龍鳳肉、金鈎耳環、乾燒鱖魚鑲麵、醬爆茄子、茉莉雞絲湯及茉莉魷魚卷等新派川菜，從此海派川菜在上海流行，後者尤為人所津津樂道。

原來以茉莉鮮花和不同種類茶胚，在拌和後窨製而成的茉莉花茶，由於茶胚的品種不同，可分為茉莉烘青、茉莉炒青和茉莉紅茶這三類，以前者消費最廣，一般作為茉莉花茶的代表。其著名的品種，有茉莉毛峰、茉莉閩毫和茉莉銀毫等。至於茉莉炒青，則以香氣清悅芬芳、不悶不濁、滋味醇和鮮美及不苦不澀著稱，名品有茉莉龍井、茉莉大方、茉莉旗槍、茉莉碧螺春等，形形色色、耐人尋味。

此外，大大有名的明前茉莉花茶，允為蘇州特產，乃選用清明前採製的優質綠茶窨以伏花而成。外形緊結、壯實、勻整、香氣鮮濃、滋味醇厚、葉色嫩綠。沖泡之後，湯色澄黃，而且即使三次，仍有餘香釋出，極宜製湯燒菜。茉莉魷魚卷得以名列「經典梅家菜」之一，此茶居功厥偉。

燒製此菜時，用水發魷魚，剞成麥穗形，改切為方塊，置沸水鍋內，氽燙使卷攏，再以茉莉花茶取初泡、再泡的濃茶汁，與料酒、精鹽、濕澱粉兌成調味汁。接著燒熱炒鍋，置入熟植物油，旺火燒至七分熟，下魷魚卷略爆，隨即倒入漏勺瀝油。鍋內再放適量蒜泥、蔥結、薑片煸出香味，起出蔥結、薑片，傾入魷魚卷，迅加調味汁，於顛翻幾下後，出鍋裝盤即成。

此菜妙在造型美觀，具滑、嫩、鮮，且有幽雅的茉莉花香，加上新穎別致，深受食家喜愛。二十世紀七〇年代末，日本主婦社成員來滬拍攝中日聯合編寫的《中國名菜集錦譜》時，曾赴「梅龍鎮酒家」，品嘗此一美味，食罷連連稱讚，譽其「色澤優美，滋味極好，異常可口」。

又，店家的茉莉雞絲湯，亦屬別出心裁。取用蘇州頂級的茉莉花茶，以其第二沏茶汁，和入清湯與汆熟雞絲而成，為席尾湯菜。飲用之後，居然使人會有「餐後一杯茶，流滌滿腹膩」的舒適清心之感。其價並不特昂，堪稱經濟實惠。

鱔魚美餚 炒軟兜

此菜可隨季節配韭黃、青紅椒、韭菜、青蒜同炒，以烏光熠熠、蒜香濃郁、鮮嫩異常而見重食林，是淮幫菜的珍饈之一。

我從小就愛吃鱔魚，不管是市井賣的鱔魚意麵，還是在館子裡常吃得到的清炒鱔片、韭黃鱔糊或脆鱔等，非但來者不拒，且猛送口大嚼。只是現在野鱔少了，進口貨又參差不齊，每見其鮮度不足，免不了悵恨久之。

晉人葛洪在《抱朴子》一書中，稱鱔魚為「土龍」，這是美譽。其實，鱔的古名是「䱇」，因像煞了蛇，古代的北方人見狀，怎敢吃這玩意兒？最明顯的例子，是

《舊五代史》記載後周世宗柴榮與屬下的一段對話。上面寫道：皇帝又問以揚州之事。對曰：「揚州地實卑溼，食物則多腥腐。臣去歲在彼，人有以鱓魚饋臣者，視其盤中，虬屈一如蛇虺之狀。假如鸛鳥有知，亦應不食，豈況於人哉！」結果是「聞者無不悚然」。我每讀至此，必大呼可惜。

有道鱔魚菜很有意思，即令是美食名家，也會講得不清不楚，說不出個所以然來。此菜名「炒軟兜」，依據高陽先生《古今食事》裡的說法，指的是鱔魚下腹的部位。如據梁實秋先生在《雅舍談吃》內提的，乃炒鱔糊加粉絲墊底，故叫「軟兜帶粉」。而他老人家所謂的軟兜帶粉，我曾在台北和上海等地的淮揚館子吃過，多半油膩膩又黏搭搭的。

從字義上來看，長衫前腰帶子可以盛物之處，固然是兜；而用手捏衣成袋狀承接，也是叫兜。須從這裡探究，才能體會炒軟兜這道菜的真正意涵。

此菜始創於清文宗咸豐年間（公元一八五一至一八六二年）。一說因汆製鱔魚舊法，乃將鱔魚用布兜紮起來，放在配有蔥、薑、鹽、醋的湯鍋內汆熟，故名軟兜。另一說則是其成菜後，以筷子夾食時，由於魚肉軟嫩，必須再用湯匙接著才易送口；加上鱔魚兩端下垂，一如小孩胸前兜帶，因而得名。

在炒製軟兜前，選妥筆桿般粗的鱔魚，先注入清水，把盛著蔥、薑及鹽、醋的鍋子燒滾，傾入鱔魚，並不時用勺攪動，去除其黏涎，待魚身捲起、魚嘴既張，乃離火略焐，以漏勺撈起，放在冷水中浸涼，然後用竹片將魚肚皮與背脊肉，自頭至尾劃分開來，再沿魚脊骨與脊肉劃分畢，接著用手把脊背肉捏成兩段洗淨。炒鍋用旺火燒熱，放入豬油、蒜片，再放入熱雞湯內滾，以乾布吸去水分，一併倒入鍋中。另用醬油、醋、濕澱粉、料酒勾芡，以手勺略推幾下，經顛鍋、淋油、裝盤等工序後，撒上胡椒粉即成。

此菜可隨季節配韭黃、青紅椒、韭菜、青蒜同炒，以烏光熠熠、蒜香濃郁、鮮嫩異常而見重食林，是淮幫菜的珍饈之一。

然而，炒軟兜製作的難度頗高，想要燒得夠水準，得有好功夫才行。有些店家不思強化廚子的基本功，卻反其道而行，意圖矇混過關。上海的「老半齋」本以此菜揚名，史家亦食家的唐振常往食，經理自詡地說：「我們改良了。」結果是「川化而成了魚香味」。捨本逐末，沾沾自喜，家法從此蕩然無存，滋味自然不堪聞問了。

江南爆蟹真奇妙

在精心斬件後，把蟹螯略敲碎，先下油鍋裡爆，接著用蔥、薑、豆瓣醬等燒透，伴以毛豆仁或蠶豆瓣，待其湯汁行將收乾之際，隨即勾薄芡起鍋裝盤。

清代有部好書，名《三風十愆記》。其〈飲饌篇〉內載有：一位名「草頭娘」的家庭主婦，她燒菜的功夫，已到了「凡尋常餚品，一經其手，調和則可人口，如嘗異味，人益爭慕之」的地步。於是「邑中豪富勢官，日令肩輿，邀草頭娘至家主庖」，甚為時人看重。而當時和她齊名的，尚有太原趙氏的「蒸鰻」、徐廚夫的「燉鮮魚」、李子寧的「河豚醬」，以及周四麻子的「爆蟹」。其中，又以周四麻子的絕活，令我意眩神馳，最想一嘗為快。

爆蟹此一食蟹新法，其製法為：「將蟹煮熟，置之鐵節炭火炙之」，一邊烤，一邊則塗以甜酒、麻油。不一會兒，只聽畢卜數響，其二螯八足「骨盡爆碎」，且「臍、脅骨皆開解」，只消用手指頭輕撥，蟹殼就應手而落，「僅存黃與肉」。這時「每人一份，盛一碟中」，蘸以薑、醋汁，「隨口快啖，絕無刺吻抵牙之苦」，縱百蟹片刻可盡。世上之快事，恐無逾於此。

但周四麻子之術，「祕不肯授人，人雖效其法，蟹焦而骨殼如故」。因此有個傳說，謂其爆蟹之祕，即在所塗的油，雖名麻油，實非麻油，而是在春、夏之間捕蛇數百條，剝皮煮爛，舀取上面的一層「蛇油」，以此炙蟹，則無不爆。話雖如此，可是誰有那麼多工夫去捕蛇及熬油呢？

所以，周四麻子一死，再無爆蟹可食。有人便創製了一套工具，共計三件，分別是小鍾、小刀和小鉗。聽說首先發明這玩意兒的，乃「漕書及運弁」，即在大運河中專收糟糧的書辦與押運糟船的衛所官兵。此輩的入息甚豐，平居又無所事事，遂成為市井中的豪客。他們為圖方便，發明省事工具，應在情理之中。

這套食蟹工具，後來盛行於江南的閭閻間，全用銀製，小巧玲瓏，非常可愛。目前每見於大飯店及高檔食肆中。每逢食蟹當兒，常取此以奉客。運用純熟者，挑剝如意，吃得盡興；不諳其法者，則左支右絀，窘態畢露。

一般而言，大閘蟹以蒸、煮為宜，如要做成醬爆蟹，當以青蟹為妙，江浙餐館多優為之。在我所吃過的店家裡，以「滿順樓」、「四五六上海菜館」及「鴻一小館」最稱拿手。唯目前兩者歇業，後者不復水準後，只有前去「上海極品軒餐廳」及「馮氏上海小館」，方可一膏饞吻。

這兩家餐館所選的青螯（或用大沙公），品質特佳，非但生猛碩大，而且肉實飽滿。在精心斬件後，把蟹螯略敲碎，先下油鍋裡爆，接著用蔥、薑、豆瓣醬等燒透，伴以毛豆仁或蠶豆瓣，待其湯汁行將收乾之際，隨即勾薄芡起鍋裝盤。醬汁噴香，紅翠悅目，用手抓食，猛嚼細品，不亦快哉！

又，此味亦可下寧波年糕同燒，蟹固然佳妙，年糕亦糯爽，兩者一起納肚內，頓覺人生真美妙，既可挑逗味蕾，更能適口充腸。

府城蝦卷有意思

嚴選新鮮肥壯的火燒蝦，先與鴨蛋汁、高麗菜和蔥拌合，再以豬網油（或稱豬腹膜、網紗）包裹成長條狀，拖麵之後，用大火略炸，起鍋滴油即成。

依呂繼棠在《中國烹飪百科全書》的說法，宋代的「簽」菜，「按照開封傳承下來的做法，……一般是主料切絲，加輔料蛋清糊成餡，裹入網油卷蒸熟，拖糊再炸，改刀裝盤。」如果此說為真，早在北宋之時，現在台灣常見的雞卷和蝦卷，即已具備雛形，可謂源遠流長。

不過，清代飲食鉅著《隨園食單》內所披露的「野雞五法」及「假野雞卷」，倒是雞卷的先驅，甚有借鑑價值。前者云：「野雞披胸肉，清醬郁過，以網油包放鐵奩上燒之。作方片可，作卷子亦可。此一法也。……」後者則是「將脯子斬碎，用雞子（即雞蛋）一個，調清醬郁之，將網油劃碎，分包小包，油裡炮透，再加清醬、酒作料，春韮、木耳起鍋，加糖一撮」。

「假野雞卷」發展到後來，雖仍名為「雞卷」，實則為豬肉卷，亦有逕稱「網油卷」者。像《調鼎集》即謂：「網油卷，裹脊切薄片或豬腰片，網油裹，加甜醬、脂油燒，切段。又，網油包餡，拖麵油炸。」由於製作尚易，故在有清一代，民間無論辦紅、白喜事，還是逢年過節，都常會上此菜。即使假日串門，小酌它個幾杯，也常以此佐酒。不論是在大陸，抑或是在台灣，似乎全是如此。

據府城的父老相傳，早在延平郡王鄭成功攻台時，所部的火頭軍中，有不少是福州人，引進來的家鄉味，即有以豬肉充內餡的「雞卷」。由於福州與府城皆近海，內餡改用蝦仁，當在情理之中，只是孰先孰後，現已無可查考，倒是公認台南最好吃的蝦卷，居然源自福州，反而信而有徵。

名氣最響的店，未必滋味最棒。原位於鴨母寮市場、現在西和路執業的「黃家蝦卷」，縱無赫赫之名，卻是饕客必嘗的口袋名單，其創始人黃金水，早在一甲子之前，即隻身前往福州，向已經營三代的吳祀老師傅學藝。盡得其學後，先在石精臼擺攤，贏得上好口碑。即使已由第二代接手，依然保留古早做法，嚴選新鮮肥壯的火燒蝦，先與鴨蛋汁、高麗菜和蔥拌合，再以豬網油（或稱豬腹膜、網紗）包裹成長條狀，拖麵之後，用大火略炸，起鍋滴油即成。固可品嘗原味，亦可蘸著店家特調的醬汁和芥末吃，或搭配醃白蘿蔔片再食，酥脆清爽，齒頰留香，如果佐以湯汁鮮甘而清的綜合湯（內有魚丸、脆肉等），餘味繞唇，更是好到無以言表。

再此須聲明的是，包裹好的蝦卷，先切段再炸，則名為「蝦棗」，乃「阿霞飯店」的招牌菜，亦為一款名食。若棄豬網油不用，逕改成豆皮製作，則是春捲或蝦卷的山寨版，就算滋味尚佳，但已古風不存，少了那個味兒。

紅糟田雞好滋味

此菜以燉糟方式為之，色紫紅而艷麗，而蛙肉及粉條，在充分賦色後，色呈亮紅，蛙肉細嫩，粉條爽Q，麴香濃郁，味極醇厚，確為妙品。

一談到福建菜，不能不提紅糟。它本是糯米加紅麴釀成黃酒後，所剩下的沉澱渣滓。紅糟有生糟、熟糟之分；熟糟又有炒糟和燉糟之別，依其料理，給予分類，以盡其用。而紅糟也和酒一樣，愈陳愈香；隔個一、兩年再食用，滋味尤美。除糟魚（通常用河、海魚）外，尚可用來糟雞、糟鴨、糟鵝、糟羊和糟田雞等。滋味甚妙，迥異凡常。

中國用紅糟煮肉的最早記載，出自北宋初年陶穀所撰的《清異錄》，其「酒骨糟」條下寫著：「孟蜀（公元九三三年到九六〇年）尚食掌《食典》一百卷，有賜緋羊。其法：以紅麴煮肉，緊卷石鎮，深入酒骨醃透，切如紙薄，乃進。注云：酒骨，糟也。」可見此菜色紅、肉緊、片薄，質涼，富糟香味，應是佐酒的珍饌之一。

據此可知明人李時珍《本草綱目》指出的：「紅麴，本草不載，法出近世，亦奇術也。」和宋應星在《天工開物》所稱的：「凡丹麴（即紅麴）一種，法出近代。」均非事實。蓋早在五代之時，中國人已能製造紅麴。然而，即使同為明代人，記載製造紅糟的材料亦不盡同。前者是用白粳米，後者則用秈稻米，製法當然也有些出入。

當今頂有名的紅麴，首推福建的古田。其製紅麴的歷史甚久，像明神宗萬曆年間，邑人林春秀的詩中，即有「田家多製麴，畬客少租山」之句。另，清高宗乾隆十六年，古田知縣辛竟可修《古田縣志》，敘述紅麴時說：「降來米蒸飯，聚而復之，使溫熱而鋪之，使涼浸諸水，欲其化而復聚之，散之。淹以水欲其成，而復聚之，散之。溫涼得中，而有丹色如朱者……。」此外，民國初年新撰的《古田縣志》亦云：「邑東北等區出產品以紅麴為大宗……近售本縣及連羅、福寧、省城（即福州），遠則販運上海、寧波、天津各埠，為製麴原料。」由此即知其盛況之一斑。

約在二十世紀五、六〇年代，台北市的福建老鄉在自釀黃酒後，常把剩糟攜至老字號的「勝利園」（現已歇業）兜售，是以該店的紅糟雞及紅糟鰻等，滋味頗佳，名噪一時。而十餘年前即封館的「天下味」，開設於高雄市苓雅區，它反其道而行，主動向眷村的老一輩收購陳年紅糟，故其糟菜極優，曾在南台灣稱尊，莫與之京。

紅糟田雞是「天下味」的拿手絕活，如未事先預訂，必有向隅之患。田雞之鮮美細緻，遠非牛蛙可望項背。此菜以燉糟方式為之，色紫紅而豔麗，而蛙肉及粉條，在充分賦色後，色呈亮紅，蛙肉細嫩，粉條爽Q，麴香濃郁，味極醇厚，確為妙品。每食蛙肉畢，粉條盛碗內，一吸吮即下，真不亦樂乎！

而今美好體驗不再，深盼日後有機會品嘗，讓味蕾得以復振，稱心快意。

臭豆腐

豆腐源自「淮南術」？

豆腐到底為何人所創，目前雖尚無定論，但業豆腐者，以豆腐發明自淮南王劉安，故尊之為劉祖師。且以每年農曆九月十五日為其誕辰，例有醵資慶祝之舉。

關於豆腐的起源，一說孔子所處時代即有，一說則是始於西漢淮南王劉安。支持前者的人甚少，後者自宋以來即廣為流傳。其最有力的證據，即是大儒朱熹的一首詠豆腐五言絕句，詩云：「種豆豆苗稀，力竭心已腐，早知淮南術，安坐獲泉布。」並自注「世傳豆腐本乃淮南王術」。日後李時珍的《本草綱目》、葉子奇的《草木子》、羅頎的《物原》等古籍，皆宗此一說法，堪稱取得共識。

考古的盛行和斬獲，確實可補文獻記載之不足，公元一九五九年至一九六〇年間，考古工作者在河南密縣打虎亭發掘出兩座漢墓，皆為東漢晚期（西元二世紀左右）遺址，其墓中的畫像石上，即有生產豆腐的場面。經過一些專家的實地考察和研究，排除該圖反映的是釀酒或製作醬、醋之場景，只可能是作豆腐。所以，豆腐的起源確定為漢代。劉安做豆腐的傳說，似乎不是子虛烏有。

在製作豆腐時，水磨（可石製或陶製）必不可少。目前出土最早的石製水磨，乃一九六八年在河北滿城西漢中山王劉勝墓中發現的。它分上、下兩扇，以黑雲母花崗岩打製。石磨頂部，中心內凹，四周起沿，便於注水。且石磨下部尚無磨盤和水槽，但有一比石磨還大的青銅漏斗，漏斗若盆狀，中心有漏孔。石磨就置於漏斗中央。磨出的漿液匯到漏孔流下，下有容器承接。由這盤水磨觀之，仍保留著源自旱磨的特徵，實為水磨發展的初期形制，何況有了銅漏斗，用它來磨製豆漿是滿合宜的。這墓的主人劉勝，比淮南王劉安謝世的時間，略晚個十餘年，從而可以斷定，這水磨製作的年代，與相傳為淮南術的發明時間，在基本上，可說是相當的。

豆腐到底為何人所創，目前雖尚無定論，但業豆腐者，以豆腐發明自淮南王劉安，故尊之為劉祖師。且以每年農曆九月十五為其誕辰，例有醵資慶祝之舉。民國二十四年時，上海豆腐業已有同業公會之組織，特由該公會發起，於當天雇用鼓樂，開筵慶祝，以示崇仰。不過，並非所有豆腐業者均供奉劉安，亦有供奉樂毅、范旦老祖、清水仙翁、杜康妹、孫臏、龐涓或關公者，可謂莫衷一是。

還是蘇軾的見解高明，他在〈豆腐詩〉云：「古來百巧出窮人，搜羅假合亂天真。」認為這種「亂天真」的豆製品，是由窮人巧手製作而成的，只是在何種機緣下製成，他並沒有答案。有些學者主張：「豆腐製法與道家煉丹有密切關係」，認為道家煉丹用豆漿來培育丹苗，無意中發明了豆腐。而淮南王無疑是當時修道煉丹最出名的。於是豆腐的創造雖出自群眾智慧，但人們總習慣找一個公認的人物來當作代表。劉安能雀屏中選，顯然是事出有因。

東坡豆腐有真味

「蔥煎豆腐」一味，其做法為：將多量胡蔥切斷，在沸水中炒半熟，用鏟撥置一邊，再將豆腐下鍋煎至微黃與蔥相混合，加鹽及醬油、糖，數沸起鍋。

猶記得小時候，晚餐必有一大盤煎豆腐。這些菜純用板豆腐，切成長方塊，約二寸許長，有兩公分厚，用豬油、醬油、糖煎之，添水再滾，加些蔥段，淋點麻油，盛盤之時，纍纍疊高，層次分明，馨香襲人，既中看又中吃。雖是簡單的家常菜，但其腴嫩甘鮮，帶著幾許焦香的滋味，真個是佐飯雋品。是以每回一端上桌，馬上一掃而空，食罷其味津津。即使事隔四十餘年，迄今仍念念不忘。

煎豆腐看似平常，它在歷史上的佳肴，則是赫赫有名的「東坡豆腐」，其燒法載之於宋人林洪所著的《山家清供》一書中，寫道：「豆腐、蔥、油煎，用研榧子一、二十枚和醬料同煮。又方：純以酒煮，俱有益也。」簡簡單單幾句，卻有兩種煮法。前一法中的蔥，大、小蔥皆可用，滋味硬是不同。如果是用大蔥，味平甘而性溫，氣香濃郁醇厚，有解腥及殺菌的作用；要是改用小蔥，宜取蔥白部分，味脆且有潤感，能收和事（蔥一名和事草）之功，具祛風發汗，解毒消腫之效。又，所謂的榧子，即紋木的果實，一稱赤果，以宋代信州玉山縣（今屬江西省）所產最佳，故名玉山果。蘇東坡甚喜食，曾作〈送鄭戶曹賦席上果得榧子詩〉，云：「彼美玉山果，粲為金盤實。」宋人羅愿更指出：「其仁可生啖，亦可焙收。以小而心實者佳，一樹不下數十斛。」將榧子一、二十枚研細成粉，鮮甜益著，確實好味。

此外，第二法於煎畢時，改用酒煮，不光營養豐富，而且別饒滋味，難怪「有益」者也。

事實上，東坡豆腐是否為蘇軾所創，有待查證。不過蘇軾與豆腐倒是挺有淵源的，曾撰詩云：「煮豆為乳脂為酥。」還喜歡吃蜜漬豆腐。而用榧子同煎滾的豆腐偏甜，至少應是合其脾胃的。

江蘇常州的豆腐甚佳，皮蛋拌豆腐尤有名。近人伍稼青的《武進食單》，收有

「蔥煎豆腐」一味，其做法為：「將多量胡蔥切斷，在沸水中炒半熟，用鏟撥置一邊，再將豆腐下鍋煎至微黃與蔥相混合，加鹽及醬油、糖，數沸起鍋。」而在冬至前夕，人家準備肴、酒過節，必備有這道菜。鄉諺且云：「若要富，冬至隔夜吃塊胡蔥燒豆腐。」

講句實在話，當下對於富貴的定義，已與古人有別，不再強調地位高與多金。而是不求人乃是貴，不缺錢用即為富。還是江蘇的另兩個民諺說得好，「吃肉不如吃豆腐，又省錢來又滋補」；「天天吃豆腐，病從那裡來？」沒事時常享用，保證受益無窮。

火宮殿的臭豆腐

火宮殿姜二爹的獨門滷水，是用豆豉、香菇、冬筍、麴酒、青礬、鹽、豆腐腦等近十種配料製成，非常考究。

地處長沙市坡子街口的火宮殿，原本是一座祭祀火神的廟宇，始建於公元一七一四年。每逢其祭祀謝神，便遊客擁至，熱鬧非凡。各類零食攤擔，競相吆喝販賣，遂逐漸形成小吃的集中地。當地的小吃，雖各具特色，但最負盛名的，則是姜二爹的臭豆腐，滋鮮味勝，堪稱一絕。是以成書於清代的《湖南商事習慣報告書》，在描述長沙小吃盛況的篇章裡，少不得載此一味。

一九五八年春，毛澤東赴湖南視察，還特地去剛修葺一新的火宮殿，在現在的「一品香」廳，品嘗家鄉風味，先後嘗了「東安仔雞」、「髮菜牛百頁」、「紅煨牛筋」、「紅燜甲魚裙爪」、「紅燒狗肉」等道地佳餚，心胸一爽，談笑風生。當「色、香、味均屬上乘」的油炸臭豆腐端上桌來，毛主席望著昔年鍾愛的小吃，笑稱：「臭豆腐乾子，聞起來臭，吃起來香。」乃夾起一塊，蘸著辣醬汁，送口痛快嚼。食罷，仍意猶未盡，表示：「火宮殿的臭豆腐還是好吃。」到了文革時，火宮殿的影壁上便出現兩行大字，寫著：「最高指示火宮殿的臭豆腐還是好吃」。

其後，籍隸湖南的胡耀邦，一接任主席不久，不忘繼踵前人，依樣畫個葫蘆，於是乎「到長沙不吃它，不能算到過長沙」之說，甚囂塵上，幾可奉為圭臬。流風所及，連美國前總統老布希在擔任駐中國聯絡處主任時，也湊了一腳，特地去品嘗，並在日記上寫下「臭豆腐是長沙火宮殿的名菜之一」之句。

臭豆腐質量的好壞，除和精選優質黃豆所製成的水豆腐有關外，尤取決於浸泡發酵過的滷水。姜二爹的獨門滷水，絕對與眾不同，是用豆豉、香菇、冬筍、麴酒、青礬、鹽、豆腐腦等近十種配料製成，非常考究。所以，它在浸泡四小時後，豆腐呈現出青黑色，隨即以小火炸，俟其外焦內軟，立即起鍋備用。盛盤臨吃之際，先用筷子在其正中捅個洞，再淋上辣油、麻油、醬油或蒜茸即成。其味非但不臭，反而鮮香醇厚，其滋味之佳妙，確非凡品可及。

有人形容此臭豆腐為：「黑如墨，香如醇，嫩如酥，軟如絨。」形神俱肖，洵為的評。難怪食客如織，經常供不應求。

文獻無徵談豆腐

豆腐是人類最早萃取出的植物蛋白質，再則它能為人體所充分吸收，可「清熱、益氣、和脾胃」。

被譽為「潔白晶瑩賽雪霜」、「燒之煮之拌之味皆美」的豆腐，自古以來，一直是家常菜的常客，不但為家庭烹飪時最方便的食品，而且「到處可買，四季皆有，雅俗共賞，貧富不擇」，難怪孫中山先生對它讚譽備至，更著重它的養生功能，在《建國大綱》中指出：「中國素食者必食『豆腐』。夫豆腐者，實植物中之肉料也。此物有肉料之功，而無肉料之毒。」這話可是有根據的，因為豆腐一則是人類最早萃取出的植物蛋白質，再則它能為人體所充分吸收，可「清熱、益氣、和脾胃」。

然而，古名菽乳、黎祁、來其、小宰羊的豆腐，它是如何製造出來的，曾在現代史上，引發一些議論，彼此各執一辭，即使轟轟烈烈，反而真相難明，真的很有意思。

話說二十世紀五〇年代時，大陸著名的化學史家袁翰青撰文指出：「我查遍《淮南子》，不見有『豆腐』二字，連豆腐的別名『黎祁』、『來其』也沒有。我翻檢了歷代大量有關文獻和資料，查不到唐代以前有關豆腐的任何記載，只有北宋寇宗奭於十一世紀末的《本草衍義》中，有磨豆腐的話。原文是『生大豆……又可磑為腐，食之。』磑，就是用石磨研磨，這證明宋已有豆腐，從而可以推想豆腐的開始製作，大概是『在五代的時代，九世紀或十世紀的時期』。」

袁氏的這番見解，是以「文獻無徵」為根據，否定歷來為始於漢代的傳說，而且別出心裁，認為豆腐的始創者為農民，是他們在長期煮豆磨漿的實踐中，得到這種優美的食品。言下之意，農民才是豆腐真正的發明者。

到了六〇年代，日本學者筱田統另有新解，表示五代人陶穀所撰的《清異錄》中，已有關於豆腐的記載，其內容為：「時戢為青陽丞，潔己勤民，肉味不給，日市豆腐數個，邑人呼豆腐為小宰羊。」筱田氏益認為，從這個唐代的故事，足以說明唐代中期就有豆腐問世，時間向上推移百年光景，執此以觀，似乎較袁氏的推論來得早。

不過，筱田氏另發奇想，在修改袁氏結論時，標舉游牧民族才是豆腐的原創人。其原因則是北方游牧民族大量遷入中原後，起先喜食的奶酪不易得，才發明了代用品豆腐。這種說法，似乎為豆腐一稱做中國起士，找到了佐證。

其實，袁氏和筱田氏兩人的說法，都是「公說公有理，婆說婆有理」，說者既無據，反證亦困難，謂之瞎子摸象，倒也名副其實。孟子曾說：「盡信書，不如無書。」他們所還原的「事實」，姑且就說者說之，聽者聽之吧！

御賜八寶豆腐方

豆腐以嫩片切粉碎，加香蕈屑、蘑菇屑、松子仁屑、瓜子仁屑、雞屑、火腿屑，同入濃雞汁中炒滾起鍋。此道菜用豆腐腦料理亦可。

在中國歷代的皇帝中，以清聖祖康熙最會恩遇大臣，不但經常賜食，甚至賞以食方，名揚中外的「八寶豆腐」，即為其中之一。

籍隸廣東的大才子宋犖，擔任江蘇巡撫長達十四年，當康熙南巡時，辦過幾趟「大差」，盡善盡美，深簡帝心。康熙曾頒賜食品傳諭：「宋犖是個老臣，與眾巡撫不同，著照將軍、總督例頒賜。計活羊四隻，糟雞八隻，糟鹿尾八個，糟鹿舌六個，鹿肉乾二十四束，鱘鯤魚乾四束，野雞乾一束。」另，據宋自撰的《西陂類稿》上記載：七十二歲那年的四月十五日，有聖旨傳出，寫道：「朕有自用豆腐一品，與尋常不同，因巡撫是有年紀的人，可令御廚太監傳授與巡撫廚子，為後半世受用。」體貼關照之情，流露字裡行間，宋犖在「邀天寵」之後，即將這味豆腐的食方視為至寶，祕密絕不外傳。

幸虧這個烹調法門，不光只賜給宋犖一人，時官刑部尚書、深受康熙倚重的詞臣徐乾學，亦獲浩蕩皇恩，獲此豆腐祕方。不過，宦囊極豐的他，在取食方之時，硬被敲了竹槓，「出御膳房，費銀一千兩（一作金）」。還好家底子厚，不但付得爽快，也不怎麼藏私，其狀元門生王式丹即得此法，成為家中美饌。美食家袁枚因緣際會，有幸在他孫子王孟亭太守處嘗到，遂收入其所撰寫的《隨園食單》中，以「王太守八寶豆腐」命名，從此廣為流傳，成為江浙菜館的珍饈。

這道「八寶豆腐」，葷素兼備，以屑製羹，用雞汁滾，食來滑潤適口，味道鮮香獨特，營養容易吸收，堪稱豆腐菜的無上妙品，其具體做法為：豆腐「用嫩片切粉碎，加香蕈屑、蘑菇屑、松子仁屑、瓜子仁屑、雞屑、火腿屑，同入濃雞汁中炒滾起鍋」，而且除豆腐外，「用豆腐腦亦可」。享用的時候，「用瓢不用箸」，因為主料與配料已融合為一，筷子根本夾不起來。

夏曾傳的《隨園食單補證》一書云：「吳門酒館有十景豆腐者，製亦相類。」今之什錦豆腐，恐係由此而出。然而，在飲食方面踵事增華，祇是富貴人家的豪舉，非芸芸眾生所能常享。因此，這道菜如改用香菇絲、青豆仁、玉米粒、肉丁、紅蘿蔔丁、西洋芹丁與蝦仁丁等製作，非但材料易得，且不太費周章。其成品則五色紛呈，滋味鮮香俱全，適合拌飯來吃，保證老少咸宜，食罷餘味不盡。

在此尤須注意的是，這款「王太守八寶豆腐」，其所用的豆腐或豆腐腦，既碎又薄，味易滲透。如火過質老，將失去細嫩，漿味亦不淨，質感就會苦，倘火候欠到，則外熟內生，味道甚難入。關於此點，依照撰述《隨園食單演繹》的江蘇特一級廚師薛文龍的看法，其烹調訣竅，在於「必掌微沸之湯，快速著芡。如此，方可透而不老，其味細膩」，進而「得其真味」，可以吃個痛快。

鍋物妙品
凍豆腐

除了當作火鍋的配料，凍豆腐在烹飪時，可用於煨、燉、燒、炒、煮、燴等法製作成菜，以味道鮮美，柔韌帶爽，能適口充腸，故受人喜愛，老少咸宜。

無論是寒流來襲，或者是春寒料峭，此時，桌上擺個火鍋，頓覺全身暖和，在紛紛舉筷後，倍感通體舒泰。此火鍋內的主配料中，我認為必不可少的，就是凍豆腐。在水未滾前，先放入鍋裡，當千百滾後，湯中的精華，盡為其吸納，就口吹啜品，滋味一級棒，非等閒可比。

要製作凍豆腐，古時極簡易，只消「豆腐凍一夜，切方塊」即成，現在更方便，將豆腐置冰箱的冷凍格內，放上一段時間，自然變凍豆腐。其實，凍豆腐可以很講究，甚至成為伴手禮，嘉惠四方食客，且舉二例說明。

其一出自四川峨眉山，其山頂積雪終年不化，寺廟僧眾每天大量製造豆腐，整擔往雪堆送，做成的凍豆腐，隨吃隨取，物盡其用。還有的更費工，埋在深雪裡，經過四、五年，才挖出食用。豆腐凍成深褐色，狀如木柴，有條紋或網狀紋，每片重達數斤。寺觀以此饗客，據說可治虛症。八年抗戰期間，後方人士遊山，每購此物以歸，當作特產餽贈親友。

其二來自湖北武當山。據說「活神仙」張三丰在此修煉，具有超凡氣功，風度瀟脫不羈，名聲威望崇隆，訪者絡繹不絕。道觀內無珍物奉客。其弟子便夜做凍豆腐，經夜而成。並在燒製菜餚時，先手撕成小薄片，既入味又易上口，博得訪客稱譽，因而傳播四方，正式成為特產。數百年來，武當山腳下的丹口市，百姓逢年過節，都會燒此宴客。由於其成品呈蜂窩狀，類似烤麩，具有孔隙多、彈性好的特點，不僅營養豐富，而且有益健康，成為人們手信。

除了當作火鍋的配料，凍豆腐在烹飪時，可用於煨、燉、燒、炒、煮、燴等法製作成菜，以味道鮮美，柔韌帶爽，能適口充腸，故受人喜愛，老少咸宜。清代大美食家袁枚曾說：「豆腐得味，遠勝燕窩。」這裡所說的豆腐，當然包括凍豆腐，何況袁枚對於燒製凍豆腐，還別有心得呢！

他在《隨園食單》中指出：「凍豆腐滾去豆味，加雞湯汁、火腿汁、肉汁煨之。上桌時，撤去雞、火腿之類，單留香蕈、冬筍」。揚棄雞、肉葷物，專取清雅素材，味道必然清鮮，可以雋永綿長，思之即垂涎矣。

此外，在清人童岳薦的《調鼎集》內，尚有「假凍豆腐」一味，云：「豆腐用松仁切骨牌片，清水滾作蜂窩眼，入雞丁再滾，配雞皮、火腿、菌丁、香菇燜。」看起來很別致，滋味想必不凡，諸君依此製作，四季皆可常享，到底是真是假，也不需在意了。

砂鍋老豆腐一絕

板豆腐蒸或煮出蜂窩眼後，先用水浸冷，再濾淨水分，切成四方塊，與熟雞肉絲及切丁後之海參、火腿、口蘑，冬筍等，一起放入砂鍋內，添注雞湯燒開，並酌量加精鹽。

以豆腐入饌，通常取其質嫩。然而，有的豆腐菜卻捨嫩求老，而且非老不用，這種另類燒法，當然異於尋常，是否別有玄機，頗值吾人玩味。

根據故老相傳，位於吉林市的「富春園飯店」，開張於清宣統年間，專賣砂鍋豆腐，乃當地著名的風味吃食。有一回，未能拿捏得宜，以致豆腐過嫩，無法打成塊狀，棄之甚是可惜。廚師為了補救，乃將整方豆腐入屜，盼它在蒸熟後，可以凝結下刀。構思雖然不錯，但難控制火候。結果，蒸製的時間過長，上面布滿了蜂窩眼，賣相卻不怎麼好，他在無可奈何下，且切下一塊品嘗，不料卻別有滋味。於是取此試烹，推出「砂鍋老豆腐」應急。

孰料「無巧不成書」，客人的反應奇佳，聲譽鵲起，四遠皆知，並有「視之若老，食之特嫩」的美稱。「富春園」的老闆見狀，覷準市場需求，兩種砂鍋都做，老嫩悉聽尊便，因而天天門庭若市，生意好到無以復加。

此菜的燒法不難，在把傳統的板豆腐蒸或煮出蜂窩眼後，先用水浸冷，再濾淨水分，切成四方塊，與熟雞肉絲及切丁後之海參、火腿、口蘑（亦可用香菇）、冬筍等，一起放入砂鍋內，添注雞湯燒開，並酌量加精鹽。待豆腐吸滿輔料滋味後，接著下豆苗、香菜，淋上麻油即成。

「砂鍋老豆腐」之妙在愈滾愈好吃，在吃完鍋中各料後，可下麵或冬粉，嚴冬喫它一鍋，既保暖又祛寒，堪稱冬令佳餚。如再佐以白乾，保證通體舒泰。

無獨有偶。迄今已有百餘年的杭州小吃「菜鹵豆腐」，亦用老豆腐製作。其要領為：先將老豆腐切成方塊，置入開水鍋中，唯為防止黏底燒焦，可在鍋底墊上小竹箅。待以微火燉煮至豆腐呈蜂窩狀時，撈出瀝乾備用。接著把醃雪裡蕻的滷水，以細沙布濾淨，於煮沸撇去淨沫後，再投入老豆腐塊，加適量開水，煮約半小時即成。

此小吃之味鮮香，餘味不盡，既可當成小吃單食，亦能在正餐中佐酒下飯。而喜食蒜或辣椒者，臨吃之際，可調入蒜泥、辣醬，風味似乎更佳，令人舌底生津。

話說回來，而今台北老字號的「天廚」，其招牌菜之一，即有「砂鍋老豆腐」，我曾嘗過數回，頗有「富春園」餘韻。閣下品嘗之時，宜佐其香酥不膩，小如茶碗的烙韭菜盒子，兩者相得益彰，好使味蕾齊放，充分挑逗味覺，留下不盡相思。

菠菜豆腐二重奏

先將一方板豆腐切成八塊（如用蛋豆腐亦佳），入鍋微煎至兩面均呈金黃色，即擺在盤正中，菠菜則在炒過後，盛裝於豆腐四周。

菠菜和豆腐這兩味，都是平凡至極的食材，但一經渲染附會，聲價則水漲船高，竟搖身成「帝王菜」。

清人梁章鉅在《浪跡叢談》一書中，提及明代的章回小說記載著：明成祖微服出巡，曾在一家小飯館內嘗到黃面豆腐乾及菠菜，覺得滋味甚美，便向店家詢問菜名，伙計回道：「這道菜叫『金磚白玉版，紅嘴綠鸚哥』，金磚白玉版指的是豆腐乾子，紅嘴綠鸚哥則是指菠菜。」成祖點頭稱善。

這則故事，經後人以訛傳訛後，時空轉換為清乾隆皇帝下江南之時，場景則變成杭州清河坊的「王潤興飯莊」，食材也由豆腐乾子改成了油煎嫩豆腐。其劇情大概是「十全老人」當時正餓著肚子，一吃此菜之後，忍不住拍案大聲叫好，無意中亮出自己身分，說了句「朕口福不淺也。」接著吟起「金鑲（改磚為鑲，意境更高）白玉版，紅嘴綠鸚哥」這兩句詩來。飯店老闆想不到竟是「貴客」光臨，不禁喜出望外，事後廣為宣傳，生意越做越旺。從此以後，「鸚鵡菜」就成了菠菜的別名。

我後來讀了伍稼青所輯述的《武進食單》，其「菠菜炒豆腐皮」條下，記載著：「取綠菠菜與豆腐皮同炒，甚適口，或以之燒豆腐，則俗所謂『紅嘴綠鸚哥』，『金鑲白玉版』者是也。」（菠菜根色鮮紅，炒菠菜例不去根，僅削去根鬚，故曰「紅嘴綠鸚哥」，豆腐經油煎過，周圍色呈微黃，故曰「金鑲白玉版」。）唯事先煎好豆腐，加入佐料稍煮，然後放入菠菜，略一炒和即須起鍋，不可蓋上鍋蓋再煮，如此始能保持菠菜綠色不變。

猶記得小時候，家母便常製作這道菜。其燒法看似不難，先將一方板豆腐切成八塊（如用蛋豆腐亦佳），入鍋微煎至兩面均呈金黃色，即擺在盤正中，菠菜則在炒過後，盛裝於豆腐四周。紅根綠葉與金黃豆腐相映成趣，煞是好看，甚宜佐飯，百吃不厭。

在此須特別注意的是，菠菜中含大量草酸，據說會影響人體對鈣、鎂等元素的吸收，且帶有澀味。所以，在烹飪之前，應先用滾水略焯。這樣，便可除去草酸和澀味，不僅吃得更營養，同時也更加美味，可謂一舉即兩得。

尋味

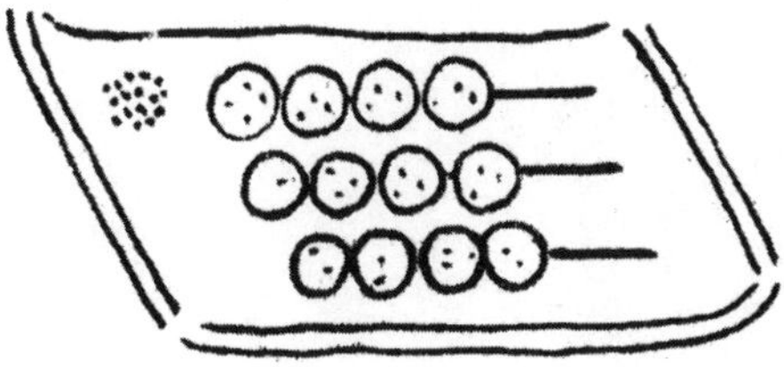

千古異饌
抱芋羹

釜中先煮小芋，候湯沸如魚眼（水沸時之沫，狀如魚眼），即下，乃一一捧芋而熟，故名「抱芋羹」。

蝦蟆，俗稱癩蛤蟆，長相醜怪，卻能納財，且具療效。日本已故的國際大導演黑澤明，曾在其自傳《蝦蟆的油》一書中，指出：「將蝦蟆放置玻璃箱內，發現自己醜陋形貌時，會嚇出一身油，這油是日本民間治療燒燙割傷的祕方。」他並以玻璃箱內的蝦蟆自況，希望所寫出的自傳，「能像蝦蟆身上的油，具有鑑往知來的療效」，加上書中寫著：「我有挑戰精神，亟欲為電影開創新局面」，正是他的自我寫照。惟有本著此一精神，始能拍攝出數部享譽全球，至今仍膾炙人口的驚世之作。

被形容成「得其志，快樂無以加」的蝦蟆，唐代詩人白居易賦詩云：「蠢蠢水族中，無用者蝦蟆。形穢肌肉腥。」評牠一無是處。其實，蝦蟆的好處可多著哩！像《醫林纂要》便說：「滋陰助陽，補虛羸，健脾胃，殺疳積。」同時，《本經》亦指出：它可「破症堅血，癰腫陰瘡，服之不患熱病。」故南方人好食其味。

據《西湖游覽志餘》的記載：「宋時百越人以蝦蟆為上味，瘡者皮最佳，名錦襖子。唐宋之間，杭州人之俗也，是嗜蝦蟆而鄙食蟹。」書中的百越人，即古代越族人所居的江浙閩粵之地，因其部落眾多，故有百越之名，其地泛指江南。早在兩千年前，即食蝦蟆或蛙，甚至比蟹普遍，唐宋之時，更是如此。

唐代的《雲仙雜記》寫道：桂州（今廣西壯族自治區）好吃蝦蟆，以乾菌製成糝，當成招待客人的珍饈，如果客未吃畢，把它打包回家，讓兒女們享用，「雖污不恥」。宋代的科學家蘇頌亦表明：南方人所以善食蛙、蝦蟆，「云補虛損，尤益產婦」。然而，蝦蟆純作藥用，照明代藥學家朱震亨的講法，則是「或炙、或乾、或燒，入藥用之，非如世人煮羹入椒鹽而啜其湯也」。

曾在廣東當官的韓愈、蘇軾，顯然都吃過蝦蟆，並有詩句為證，前者云：「余初不下嚥，近亦能稍稍。」後者則是「稍近蝦蟆緣習俗」。儘管他們都已品嘗，但其具體燒法，反而沒有記載。近讀《南楚新聞》，終於真相大白。其做法為：「釜中先煮小芋，候湯沸如魚眼（水沸時之沫，狀如魚眼），即下，乃一一捧芋而熟，名『抱芋羹』。」其手法之殘忍，一如泥鰍鑽豆腐，縱使保留原汁原味，但為食療及美味故，已喪失人道精神，深為吾人所不取。

家父喜食小芋，亦嗜食青蛙。家住員林時，置身農田中，常有賣蛙者。每次買一串，將未去皮者，各斬成兩件，再下麻油酒，佐以大蒜瓣，其湯極清洌，鮮美難比擬。常侍先君側，剝芋而食之，再啜此鮮湯，父子樂融融，亦一快事也。且附記於此，今生永難忘。

爽糯醇美
炒魚麵

魚麵以沸水浸泡三分鐘撈起，用清水略漂瀝乾。豬裡脊肉切絲，用精鹽稍醃，加少許芡粉拌勻上漿，旺火炒至捲縮，隨即下魚麵、水發黑木耳、蔥白、精鹽、醬油、白醋，炒約兩分鐘起鍋，撒上少許白胡椒粉即可享用。

湖北省的雲夢縣除了以「雲夢湯飯」名揚海內外，其「雲夢魚麵」更是不可多得的妙品，還曾蜚聲國際，至今盛譽不衰。

雲夢縣又稱「楚王城」，《墨子・公輸篇》對其豐富的物產十分驚豔，云：「荊有雲夢，犀兕麋鹿滿之，江漢之魚鱉黿為天下富。」由於盛產各種魚類，所製魚麵必然出眾。不但已成為當地特色小吃，而且還可製成精美佳餚亮相。

雲夢魚麵的問世，實與其布帛的量大質美有關。約在清中葉時，各地布商雲集，詩人萬震曾賦「布商輻輳自西來，古驛嚴關曉市開，三路車聲一路槳，綠楊城廓近雲臺」之詩，以誌其盛況。飲食業遂隨之興旺，酒樓餐館次第開張。

據《雲夢縣志》的記載，清道光十五年，雲夢縣城內的「許傳發布行」，因生意太好，乃專設客棧款待四方客商，並特聘一位技藝出眾、紅白兩案皆精的黃姓名廚主理。一日，他不小心將準備做魚圓的魚茸碰翻在麵案上，便順手把它和在麵內，擀成麵條薦餐。布商食之而美，莫不豎拇指叫好。「魚麵」之名，不脛而走。

黃廚師受到鼓勵後，不斷潛心研製，採用當地「白鶴嘴」之鮮魚剁成茸泥，取「桂花潭」之水和麵，添加海鹽，在經過攪拌、摻合、擀麵、蒸煮等工序後，置鳳凰台上曬乾，再用紅紙包成方包，作為餽贈禮品。從此之後，「許傳發布行」的「雲夢魚麵」，便廣泛流傳於中國各地。

一九一五年，一斤裝切成「梁山刀」（即一百零八刀）的雲夢魚麵，受邀參加在美國舊金山所舉行的「巴拿馬萬國博覽會」，與茅台酒等一起獲銀質獎章，進而譽滿全球。

雲夢魚麵色白絲細，不僅可炒、可煮、可炸、可拌，還可汆製成湯菜。其中，煮湯和乾拌的方法甚易，和速食麵的吃法相去不遠。前者在麵條煮軟後，按各人食量大小，挑入碗中，加雞湯、鹽、蔥花，即可供食；後者則在將麵煮軟時，挑入盛有醬油、少量雞湯、蔥花、薑末的碗中，拌勻後吃，別有風味。

炒的魚麵尤膾炙人口。取兩盒魚麵放在缽內，下沸水浸泡三分鐘撈起，再用清水略漂瀝乾。豬裡脊肉切絲，用精鹽稍醃片刻，加少許芡粉拌勻上漿，以旺火炒至捲縮斷生之際，隨即下魚麵、水發黑木耳、蔥白、精鹽、醬油、白醋，炒約兩分鐘起鍋，撒上少許白胡椒粉即可享用。其爽糯適口、醇香澆凝的風味，讓人一嘗難忘。

其實，當下在台灣亦有好吃的魚麵可食，就我個人而言，以台南市的「卓家汕頭魚麵店」和位於新北市永和區的「張小娥浙江小館」所製作的，最稱可口。前者主要用狗母魚製作，如果貨源不足，再羼入虱目魚，以吃乾麵為主，於滾水煮熟後，加點碎肉絲、燙青菜和紫菜片即成，清爽有勁，滋味甚佳。後者則用海鰻製作，以食炒麵為主，加旱芹、肉絲及櫻花蝦、蝦仁等，以旺火爆炒，在爽脆之中，兼糯、醇及香，口感多元，餘味不盡，其滋味之佳妙，似更在「卓家」之上。不過，「食無定味，適口者珍」，只要自覺味美，即能心滿意足，何待他人說短長。

杭州名食
片兒川

最初製作時，主料的筍片、肉片、雪菜（即雪里蕻，今寫成雪里紅），均用沸水氽煮，而氽與川同音，因而流傳至今。

餚點是否美味，不在價錢高低，而在食材夠鮮，以及烹飪得法。即使平民風味，只要滋鮮味美，亦足以笑傲食林，引起廣大回響，簡單的片兒川，即為其中一例。

猶記三十餘年前，與同學們共飯於「三六九」，雖然酒足飯飽，尚覺意猶未盡，乃追加一碗麵，其名為片兒川。它之所以吸引我，即在名字特別，不識其中滋味。食罷，對其麵爽湯濃、澆料鮮嫩爽口，留下極深印象。然而，此麵而今到處皆有，已不怎麼新奇，說穿了，就是雪菜肉絲麵而已。

片兒川是杭州百年以上老店「奎元館」的招牌麵點之一，製法簡易，大享甚名。由於它最初製作時，主料的筍片、肉片、雪菜（即雪裡蕻，今寫成雪裡紅），均用沸水汆煮，而汆與川同音，因而流傳至今。但有人硬說成，它與蘇軾有關，得自「無肉令人瘦，無竹令人俗」的啟示。不過，當一碗熱騰騰的片兒川端上餐桌時，但見肉褐、筍黃、菜綠、麵白，色澤分明，引人食欲。難怪後人譽為：「有筍有肉不瘦不俗，雪菜燒麵神仙口福。」事實上，其真相到底如何？也就無足深究了。

近在「奎元館」嘗一品（指特大碗，供數人用）片兒川，但見麵底（即麵條以沸水煮至八分熟，撈出用冷水過晾，按每碗之分量，盤結而成一堆）置於湯中，黃白分明，分外好看。而筍、肉與雪菜製成的澆頭，另擺在白盤中，臨吃之際，澆頭倒入碗內，拌勻而食，其味特佳。我們吃上了癮，再叫一盤澆頭，個個埋首痛食，聲音咻咻價響，融入店內情景。

至於店家踵事增華的「紅油八寶」及「金玉滿堂」兩款麵食，品多味繁，徒亂人意，自然不考慮點享了。

暑食冷淘 透心涼

台灣所食涼麵中，亦有色如翡翠及入口冰涼者，只不過它不是用槐葉汁或甘菊葉汁和麵，而是用菠菜汁。

炎炎夏日，食欲難開，涼麵送口，此樂何及！早在唐代之前，即有今之涼麵，這種消暑佳品，名喚「槐葉冷淘」。整盤碧綠，色同翡翠，好看中吃，大家都愛。

據《唐六典》上的記載：「太官令夏供槐汁冷淘，凡朝會燕饗，九品以上並供其膳食。」詩聖杜甫於代宗大曆二年夏天寓居成都時，曾作〈槐葉冷淘〉詩，詩云：「青青高槐葉，採掇付中廚。新麵來迎市，汁滓宛相敷。入鼎資過煮，加餐愁欲無。碧鮮俱照筯，香飯兼苞蘆。經齒冷於雪，勸人投此珠……萬里寒露殿，開冰清玉壺。

君王納涼晚，此味亦時須。」即使流落巴蜀，憶及長安美味，健筆娓娓道來，一直念念不忘。

這款槐葉冷淘，本身是一種以槐葉和麵為之的熟麵。其具體製作方法，載之於宋人王禹偁〈甘菊冷淘〉一詩中，寫道：「淮南地甚暖，甘菊生籬根。長芽觸未嘗，小葉弄晴暾。采采忽盈把，洗去朝露痕。俸麵新加細，溲牢如玉墩。隨刀落銀縷，投煮寒泉盆。雜此青青色，芳香敵蘭蓀……。」指出它以甘菊汁和麵，用刀切成細條，在煮熟之後，再放入注寒泉的水盆中浸透即成。由於麵內已滲進甘菊汁，所以其顏色青碧，且「芳香敵蘭蓀」了。

究其實，唐及北宋初年的冷淘，採用槐葉和甘菊葉，均「性味涼苦」，最能降虛火，兼清熱消渴。到了後來，也不這麼講究了。像北宋末年，其都城汴京及南宋都城臨安的市肆，皆有多種冷淘出售。其中最著名的，則是麵細色白的銀絲冷淘。

元、明、清時，冷淘依然盛行。元代倪瓚的《雲林堂飲食制度集》中，記有冷淘麵法，乃一款用鱖魚、鱸魚、蝦做澆頭所製成的冷麵，風味甚美。明代揚州的冷麵極負盛名，神宗萬曆年間撰成的《揚州府誌》記載：「揚州飲食華侈，市肆百品，夸視江表。湯麵有溫淘、冷淘，或用諸肉雜間河豚、蛇、鱔為之。」這種「輕麵重澆」的特色，足以想見當時食冷麵料足味豐之一斑。

冷淘以在夏季食用為宜，北京有在夏至當天食冷淘的習俗，諺云「冬至餃子夏至麵」即指此。《帝京歲時紀勝》說：「夏至大祀方澤，乃國之大典。京師於是日家家俱食冷淘麵，即俗說過水麵是也。」當然啦！它的味道非凡，足以傲視群倫，故有「京師之冷淘麵爽口適宜，天下無比」之譽。

而今在台灣，我們所食的涼麵中，亦有色如翡翠及入口冰涼者，只不過它不是用槐葉汁或甘菊葉汁和麵，而是用菠菜汁，之所以會如此，想必和食材的取得及人們的習性，有著絕對關係，雖保健功能略遜，仍可收去暑熱之功。

酥炸櫻桃小丸子

先用溫油炸到八分熟，撈起丸子，使稍冷卻，在快食用的時候，投入沸油中再炸一遍。這樣便可使外面焦而裡面不致變老。

近來在「滿堂紅」兩嘗現炸的小肉丸子，直接在麻辣火鍋中滾，爽潤辛香，食來別有一番滋味。

據悉曾到大帥府擔任主廚的朴豐田，在其口述的《大帥府秘聞》中，便透露張作霖最愛吃的菜，居然是小白菜汆丸子。無獨有偶，已故的散文大家梁實秋年幼時亦愛吃炸小丸子，自稱：「我小時候，根本不懂什麼五臭八珍，只知道炸小丸子最可口。……有時候家裡來客留飯，便就近在同和館叫幾個菜作為補充，其中必有炸小丸子，亦所以饜我們幾個孩子所望。……有一次，竟每個人分到十個左右，心滿意足。事隔七十多年，不能忘記那一回吃炸小丸子的滋味。」把這個尋常吃食的味道，描繪得入木三分。

要製作好吃的炸小丸子，首在「肉剁得鬆鬆細細的，炸得外焦裡嫩」，而炸的訣竅，梁實秋指出：乃「先用溫油炸到八分熟，撈起丸子，使稍冷卻，在快食用的時候，投入沸油中再炸一遍。這樣便可使外面焦而裡面不致變老。」而吃起來的感覺，則是「入口即酥，不需大嚼，既不吐核，又不摘刺，蘸花椒細鹽吃，一口一個，實在是無上美味」。

至於張大帥愛吃的氽丸子，俗寫為「川」丸子。這小肉丸不是用炸的，而是以高湯煮，「煮得白白嫩嫩的，加上一些黃瓜片或小白菜」添調味料即成，非常可口。

事實上，丸子不必自己做，可買現成炸好的，「還可以用蔥花、醬油、芡粉在鍋裡勾一些滷，加上一些木耳，然後把丸子放進鍋裡滾一下就起鍋」；這就是熘丸子，味道相當不錯，而且十分省事。

一般而言，丸子要小，才容易炸透，表皮也不會炸焦。有些的地方館子，為廣招徠，特意將這小丸子叫成「櫻桃丸子」。充其實，祇是形容其小罷了。

而今北方館子在台灣式微，想吃炸小肉丸不易。幸好台北的「宋廚」擅燒此味，外焦香而內嫩，蘸著椒鹽送口，能夠開啟味蕾，上嘴不能自休。如果尚有倖存，不妨打包回家，或者多買些個，以它充做主料，與大白菜、粉條、香菇等，用砂鍋來熬煮，或做成個火鍋，不論下飯佐酒，都是不錯選擇。

煎䭔衍生蚵仔煎?!

台灣的蚵仔煎，有謂脫胎於源自漳州的「蠔煎」和福建著名的小吃「蠣餅」。蠣餅（台灣一稱蚵嗲）是用米漿包海蠣（即蚵蠔）餡料，經油炸而成。如餡料中另加豬絞肉、蔥末和醬油，即是「肉蠣餅」。

據府城父老相傳，鄭成功率領大軍自鹿耳門港道登陸後，隨即攻下普羅民遮城（今稱赤嵌樓），並揮師進圍熱蘭遮城，荷軍積聚軍糧，負嵎頑抗，閉城堅守。由於糧食短缺，鄭軍無可奈何，只好就地取材，用番薯粉和水後，先攪拌做皮，再煎製成一款食品，謂之「煎䭔」，藉以補充戰力。或說此煎䭔向有甜、鹹兩種，早年先民困苦，每用它來果腹，變成安平當地的傳統小吃。後者再加改良，內餡有蚵仔、蝦仁、蝦米、香菇、筍絲、瘦肉等，或煎或炸或蒸，此即肉圓起源。日後另闢蹊徑，發展成簡易版，即鐵板上煎，這就是後世蚵仔煎的由來。

有人渲染附會，指出鄭軍攻台，時值端午前夕，在權宜情況下，以煎䭔代粽子，成為應節食品。此等齊東野語，似乎不必深究，供茶餘飯後談助，應也是美事一樁。

所謂「䭔」，本是一種古老吃食。主要是用麵粉糅和成劑，作圓形坯，包餡，經蒸、煎、烤製而成的餅類食品。

這個䭔，又有「䭔餅」、「䭔拍」等名稱，凡以籠蒸者稱「蒸䭔」，以油煎者稱「油䭔」，以火炙者則叫「焦䭔」。據古文獻記載，這種食品源於南北朝，大盛於唐、宋。例如梁人顧野王的《玉篇》，已有「蜀人呼蒸餅為䭔」之句。而此類的「蒸䭔」，在隋唐之時的名品有謝楓《食經》上的「象牙䭔」，韋巨源〈燒尾宴食單〉的「金粟平䭔」、「火焰盞口䭔」等。至於以油炸或煎的油䭔，則見於唐代的《盧氏雜說》，其製法為：「取油鐺爛麵等調停，……候油煎熟，於盒取䭔子𩟔（即餡），以手於爛麵中團之，五指間各有麵透出，以篦子刮卻，便置䭔子於鐺中，候熟，以笊籬（水中撈物的竹器）漉出。」觀其形狀製法，頗類油炸元宵，而今盛行嶺南的「焦堆」，即為其流亞。

由上觀之，蚵仔煎出自「煎䭔」之說，根本不可能成立，當為比附想像之辭，一笑置之可也。

而今大行於台灣各地的蚵仔煎，有謂脫胎於源自漳州的「蠔煎」和福建著名的小吃「蠣餅」，尤以後者為近。

基本上，蠣餅（台灣一稱蚵嗲）是用米漿包海蠣（即蚵、蠔）餡料，經油炸而成。如餡料中另加豬絞肉、蔥末和醬油，即是「肉蠣餅」。當蠣餅出鍋時，色金黃，皮酥香，味頗鮮美，是閩人鍾愛的一款小吃，常與鼎邊趖搭食，充當作早點吃，別有一番風味。只是蚵仔煎的出典，應是《文義小品》，它指出：海盜顏思齊與鄭芝龍在海上與官軍對抗時，無物可以裹腹，「顏鄭乃命從人，以蠣和粉水」。這種急救章的吃法，發展而成今日美味，而且隨處可見，想想也是異數。

我以往皆嘗安平古堡街老店的那種蚵仔煎，搭配著薑絲蚵仔湯一起受用，海味十足，滿過癮的。而今則喜食台南國華街原石精臼的蚵仔煎。其與他品不同者，在於雞蛋煎得老香再半扣，所內裹的，除各種類似的餡料外，尚有熬煉香透的肉燥，因而滋味更勝，如加點一碗店家獨門的「香菇湯飯」，葷素並陳，一個濃郁，一個清鮮，食味之正點，筆墨難形容。

鐵漢沒轍的醋芹

將嫩芹葉洗淨瀝乾，放入瓦罐中，加鹽略醃製，蓋上蓋子，使它自然發酵後取出，置鍋中加酸菜湯燒沸即成。

味香辛而強烈的中國芹菜，雖風味別具，但口未同嗜。好之者喜不自勝，惡之者避之唯恐不及。在《列子》這本書中，載有一則故事，甚有趣，道出其中差異。原來有位農夫，特別愛吃芹菜，認為它的美味，好到無以復加，於是到處宣揚。村中的豪紳信以為真，嘗了一次芹菜，卻「螫於口，慘於腹」，根本無法下嚥，大罵農夫無知，以後碰都不碰。出身田家的唐代名臣魏徵，超愛醋芹這味，或許其來有自。

醋芹始於何時？而今已不可考，它能流傳至今，正與魏徵有關。魏徵本是個「太子黨」，唐太宗於「玄武門之變」即位後，不但未加罪罰，反而擢升他為諫議大夫。

魏徵不辱使命，向以骨鯁著稱，每每直言敢諫，頗為太宗畏憚，也因而針砭己過，成就了史上所豔稱的「貞觀之治」。其君臣相得的程度，甚至到了魏徵拜相時，有人告他謀反（這是《唐律》中十惡不赦的大罪，應下有司詳鞠），但李世民聽後，居然說：「魏徵昔吾之讎，祗以忠於所事，吾遂拔而用之，何乃妄生讒構？」連當事人都沒問，隨即殺了告密者。

即令是鐵石心腸，難免也會有好惡。據柳宗元《龍城錄》上的記載：魏徵有天退朝時，太宗含笑對左右侍臣說：「這羊鼻公（魏曾當道士）啊！朕不知給啥玩意兒才能讓他動心？」侍臣回道：「魏徵最喜吃醋芹，每食必喜形於色，且欣然稱快，可見其真態。」翌日一早，便召魏徵賜食，內有醋芹三杯。魏徵一見，眉飛色舞，食未竟而芹已盡。太宗這回逮到小辮子，龍心大悅，笑著對魏徵說：「卿常言己無所好，朕今天可見著了。」魏徵反應甚快，馬上跪下謝罪，但仍不忘進諫，立即趁機表示：「君無為，故無所好。臣執計從事，獨癖此收斂物。」太宗聽罷，沉吟不語，心中一再玩索這番話。

古時醋芹的製法不詳：根據興起於二十世紀七〇年代末期的「仿唐菜」，其製作之法為：先把芹菜瀝乾，投入罈中蓋嚴，發酵三天取出；與嫩薑、冬筍、雞肉等，一起切成小段，再以芹葉捆紮。另將發酵湯汁，連同醋、酒、鹽、胡椒等，用旺火燒開，把主料汆燙，接著撈入碗中，淋澆湯汁即成。其做工滿繁複的，應非魏徵所喜食。

另一法比較簡易：將嫩芹葉洗淨瀝乾，放入瓦罐中，加鹽略醃製，蓋上蓋子，使它自然發酵後取出，置鍋中加酸菜湯燒沸即成。製作簡易，味道郁爽，似較吻合那「田舍漢」的性情和口味。

拜陝西菜一度流行寶島之賜，我曾嘗過前法，湯味濃醰，酸辣適口，感覺還不錯，唯踵事增華，少了點「野」趣，實美中不足。

勾人饞涎
玉荷包

杜牧〈過華清宮〉：「長安回望繡成堆，山頂千門次第開。一騎紅塵妃子笑，無人知是荔枝來。」絕句中之意境為唐玄宗利用驛站為楊貴妃送荔枝，故荔枝又稱「妃子笑」。

關於荔枝，它那「剝之凝如水晶，食之消如絳雪」的丰姿和滋味，不知吸引了多少文人雅士，蘇東坡即為其一，他膾炙人口的〈食荔枝〉詩云：「日啖荔枝三百顆，不辭長作嶺南人。」更用鮮干貝和河豚來形容其美味，「似開江瑤斫玉柱，更洗河豚烹腹腴」，描繪傳神，極有新意。

嶺南的荔枝固然佳美，但而今風靡全台的，反而是出自福建的「綠荷包」。它的原產地在九龍江西溪之畔靖城鎮草坂村，台灣自引進後，改名為「玉荷包」，似乎更得神韻。

有「皇帝荔枝」之譽的綠荷包，果實晶嫩玲瓏，皮薄核小，肉厚質脆，啖之有如肉丸，號稱「肉丸仔荔枝」，氣味芬芳，清甜可口，似桂花而淡雅過之，果實自然保鮮力強，向有「恆經月不敗」的說法。

光緒年間出版的《閩產錄》，對綠荷包讚譽有加，冠以「皇帝荔枝」之名，只是它的分布不廣，生長遲緩，定植存活率較低。在二十世紀五〇年代時，草坂總共才十五株，即使整個龍溪地區也在百株之內，產量未及百擔。當時最老的一株，離地二尺處分成四杈，主幹莖圍則達二百五十五公分。早在一個甲子前，尚有株產五百斤的紀錄，產量並不算多，倒是顆顆飽滿，世人珍而愛之。

根據《南靖縣新志》的記載：「武山鄉藻苑社（即草坂村）產荔枝，有名『綠荷包』者，……相傳明洪武間即有是果，計七株。……至清乾隆朝，漳浦蔡中堂（即蔡新，官至吏部尚書）饋贈內廷，始開貢品之源。自是，歲檄閩、浙總制，飭由道府縣令鄉民備五十斤以進。遂名騰遐邇。」足見它是一種新品，距今約七百年光景。

基本上，綠荷包有冷綠與稀紅兩種。冷綠者果熟色青，殼硬不易綻裂；稀紅者熟期漸紅，果殼薄軟，常有裂果現象。但不論是那一種，皆「獨具甘醇之致」，且「其味之至美，不可得而狀也」，難怪「物少尤珍重」。

台灣不愧是個水果王國，物稀為貴的綠荷包，一到了這裡，卻在中南部遍地開花，化為纍纍果實，成為攤販、賣場隨處可買的玉荷包，為初夏注入一泓清流，讓人們一親芳澤，體會其「肌理膩白如玉」，擘食後「作荔枝之仙」。

我甚愛玉荷包，吃時不知節制，動輒嘗上百顆，不怕火氣上升，就怕吃不過癮，也只有生在寶島，才能這麼放肆，如此大快朵頤，真是何其有幸。

兩斤一身世之謎

原來兩斤一本名釀筋頁，以發音及省寫之故，變成今日俗稱的兩斤一。所謂釀筋，意為麵筋（又稱生麵筋、麩筋）瓤豬肉餡，而頁則是指百頁包肉。

最近新聞報導，食家主廚互槓，兩斤一成為主角，引發了一些波瀾。然而，此一上海名餚，究竟是何身世？倒是莫衷一是，權且在此正名，藉以回歸本源。

原來兩斤一本名釀筋頁，以發音及省寫故，變成今日俗稱的兩斤一。所謂釀筋，意為麵筋（又稱生麵筋、麩筋）瓤豬肉餡，而頁則是指百頁包肉。這是老上海人的叫法，當下的上海人，則逕稱麵筋百頁，少了韻味，但頗實際。

兩斤一的變化多端，既能充當大菜，也是可口小吃。其在製作時，先用生麵筋包肉後再油汆，配上百頁包肉，加湯燒煮即成。用湯極為考究，如當成大菜吃，一定得用雞湯，只是充作小吃，則用豬大骨熬湯。至於其佐料，大菜常用火腿片及鞭尖切丁，小吃一律是用榨菜末。

目前在上海吃小吃，其麵筋百頁，如在豬大骨湯內盛入包肉的麵筋、百頁卷各兩隻，習慣上叫「雙檔」，假如各用一隻，則稱「單檔」。甚受歡迎。台灣的江浙菜館，早年常備此饌，廣受饕客喜愛。只因製作費工，現已盛況不再。情形未獲改善，必將持續惡化，終成廣陵絕響，留在記憶深處。

聞香

茉莉花茶撲鼻香

福州最著名的茉莉花閩毫，又稱雀舌毫茉莉花茶。其在製作時，選用初春高級綠茶窨以優質伏花而成，葉身細緊幼嫩，一如麻雀之舌，以湯色明亮、葉色碧綠、香氣鮮靈，滋味爽口得名。

家中植有一株茉莉，莖柔枝繁，葉圓而尖，色白單瓣，清香襲人。其實，其花亦有重瓣者，色則有紅、白兩種，於春、夏、秋三季開花，在夜晚盛開，花香能醉人。我因長期觀察，才能領略宋人王庭珪的詩句，為何會吟：「迎鼻清香小不分，冰肌一洗瘴江昏；嶺頭未負春消息，恐是梅花欲返魂。」

號稱「眾花之冠，至暮則尤香」的茉莉花，本名抹利，是由古印度梵文中音譯而來的，用它來熏茶，迄今約五百年，通稱「花茶」，乃華人最嗜飲的香片之一。福州人茗飲尚之，北方人亦多嗜此，其能在清代官場盛行，實與當時的鼻煙有關。上等鼻煙，必加香料。福州之鄰縣長樂，盛產茉莉，外埠商人便將鼻煙運來，以茉莉花熏製，芳馥稱絕。相傳清光緒五年（公元一八七九年）時，北京茶商「汪正大」號，在福州設莊收茶，其莊主一日遊鼓山湧泉寺，巧遇舊識某僧，僧本徽籍，告以若用茉莉熏茶，保證是上上品。莊主歸而試之，果然美妙清奇，便將樣品寄回北京，大受好評，遂大量製造，竟供不應求。其他北京茶商，如「聚義」、「隆泰」、「恆泰隆」等號見狀，亦相繼在福州熏製花茶，此即所謂「京幫」，又稱「東直幫」，其銷量極大，包括直隸和東三省等地。

至於「森泰」、「乾慕盛」、「正清」等號組成的「徽幫」，則從皖境運茶至閩，以花熏之，然後再行運回，轉銷大陸各地，風靡一時。而以花熏茶，福建方言謂之「窨」，其法以花分層閉於茶胚中，微火熏之，盡收香氣，俗稱「吃花」，須經三窨之後，方成上品。初期熏製花茶，皆在長樂一邑，茶商應運而生，著名的有「生順」、「大生福」、「大生順」等號。

等到民國初年，福州茶商以台灣所產的茉莉，枝強花大，其種尤優於長樂，乃選購茉莉種苗，移植運歸，於是閩侯近郊的白湖、遠洋、戰坂、北嶺下等鄉，皆成有名產地。從此之後，「花茶」之中心移至福州，並與蘇州所產者齊名。

目前福州最著名的茉莉花茶，乃茉莉花閩毫，又稱雀舌毫茉莉花茶。其在製作時，選用初春高級綠茶窨以優質伏花（產於夏季）而成，葉身細緊幼嫩，一如麻雀之舌，以湯色明亮、葉色碧綠、香氣鮮靈、滋味爽口得名。其妙在沖泡三次後，尚有餘香釋出。有朋自福州來，贈我雀舌毫茉莉花茶，取少許置蓋杯內，沖以滾水，片刻芬芳馥郁，飲之鮮靈甘美，沉浸其馨，神清氣爽，真是花茶極品。憶及年幼之時，家父好飲香片，每見他握杯把玩，先聞其香氣，再徐徐飲之，最後則閉目養神，一副怡然自得狀。而今老人家仙逝，想起前塵往事，心中不覺黯然。只恨此等妙物，未曾侍親品享，實乃憾事一樁。

能迷魂的酸辣湯

「迷魂湯」即目前台灣常見的酸辣湯始祖。當享用餃子時，取此湯搭配，能醒胃生津，越吃越順口，頗受人歡迎。

戰國時的鬼谷子，不愧為一代宗師。他先後調教了四位弟子，非但個個成材，而且名揚天下。後二者尤負盛名，一為首倡合縱，身佩六國相印的蘇秦；另一為倡導連橫，登上強秦宰相的張儀。他們在外交上各逞機鋒，縱橫捭闔，成就了「縱橫家」之名，盛譽至今不衰。

相較於師弟之間的「文」鬥，兩位師兄的武鬥，才真的是劍拔弩張，驚心動魄。就在他們一決生死的馬陵之戰前，雙方的桂陵鬥陣，即已精采萬分，其扣人心弦處，千古引為奇談。

話說魏軍統帥龐涓與齊國軍師孫臏同學於鬼谷子，結為兄弟，誓共富貴。但早發的龐涓學藝未成，又陷害其義兄，把他刖足黥面，變成了個廢人，梁子結得很深。當兩軍對壘時，孫臏擺出「顛倒八門陣」，龐涓深知此陣能變化為「長蛇」，擊首則尾應，擊尾則首應，擊中則首尾皆應，攻者輒為所困，為了面子，仍硬著頭皮攻打，結果此陣合攏，居然變成圓陣，龐涓迷惑，大敗而去。此即後世所豔稱的「迷魂陣」。

據《陽穀縣志》的記載，該縣「境內多古跡，『迷魂陣』村即為其一」。又云：「當時孫臏與龐涓交戰，孫臏設迷魂陣於此，村也因此而得名。」不過，依當地父老的說法，顯然更有意思，而且引發美味，思之不覺涎垂。

原來魏軍入陣後，衝刺了三天三夜，依舊困在核心，一直無法可施，巧遇一老人傳授藥方，龐涓急令隨軍「局長」（即廚師，今該村仍沿用此名）以大鍋熬製，加醋當藥引子，並添些鹽調味。將士們飲服後，個個頭腦清醒，終於脫逃出陣。此湯因逃陣有功，兼且酸辣可口，於是流傳下來，成為當地名饌。

現今的「迷魂陣村」有大、小二處，製作此湯，亦有分別。大村的湯，將黃豆芽、粉條洗淨，豬血、豆腐切條，先以蔥、薑絲爆鍋，加入大骨濃湯，再添以上各料燒沸，接著下胡椒粉、花椒麵、醋、鹽、醬油等調好口味，勾稀芡汁。上桌之際，撒上韭菜段，澆淋花椒油，以料足味酸、濃郁適口著稱。小村的湯，則取綠豆芽洗淨，菠菜切絲，蔥、薑、海帶均切細絲，香菜切寸段，炒勻即加清湯，除以上各料外，再加豬血及豆腐條等燒沸，接著添醋、鹽、醬油、胡椒粉調好口味，不另勾芡，撒上香菜段，淋香油即成。其特色為湯清香味鮮，鹹酸略辣，乃一款有名的解酒湯菜。姑且不論此湯是出自大村或小村，當下陽穀一地的傳統筵席，都少不了它。

歸究起來，「迷魂湯」即目前台灣常見的酸辣湯始祖。當享用餃子時，取此湯搭配，能醒胃生津，越吃越順口，頗受人歡迎。如搭配白麵條一塊兒吃，麵條之滑溜，湯汁之飀爽，亦引人入勝。且這種酸辣麵，一旦開啟味蕾，將如江河入海，波濤洶湧不止，寒夜喫它個一碗，「飽」得自家君莫管。

白糖蔥的今與昔

日治時期，台灣所生產的甘蔗遭日本政府禁止台灣人食用，並計畫將台灣生產的蔗糖運回日本，於是台灣人民利用糖的特性，進而改變糖的外觀而形成現在的糖蔥。

身為台灣傳統名食之一的白糖蔥，早年常見於市井中，今則難得一見，即使偶爾現蹤於賣吃食的民俗小攤內，也是乏人問津。這比起它當年在迎神賽會或大拜拜時走俏的身影來，令人感觸良多。

說起它的身世，可是赫赫有名。起先稱「富貴糖」，來自福建、廣東。由於古代乏糖，尤其是白砂糖，只有富貴人家，才能經常受用。加上此糖特甜，多半在喝茶聊天，或吟詩作對聯時，始當成點心吃，堪稱閒食代表。曾幾何時，經濟起飛，民生富裕，隨時有各式各樣的糖果吃，它遂被打入冷宮，消聲匿跡，從零嘴中除名，像個落難王孫。

製作白糖蔥時，必須心領神會，加上功夫到家，才能做出上品。首先將白砂糖兌等量的水，入鍋直到一一〇度以上，俟溶成糖漿後，再用慢火續滾，一斤糖約煮一小時，等到溫度降至八十度左右，隨即讓它冷卻，成固體狀糖膏，色則轉暗黃色。

接下來，把糖膏黏在木棒上，如同拉麵般，雖用力拉扯，但不能斷裂。如此反覆抻拉，糖漿終變白色，從原先的一小團，竟變成好幾倍大。其原因無他，當糖漿被拉開時，裡面即摻入空氣，使糖漿膨大起來，最後拉得長長的，直到全凝固為止。此際，形成中空的蔥狀白糖。

末了，將其迅速折成數個長段，再分別截成三、四寸長，將之一小節一小節的置於容器內，即大功告成。

白糖蔥的剖面，因抻拉的作用，有許多小氣孔，吃起來鬆鬆地，口感極佳。如果功夫不夠，嚼之硬邦邦的，就很難下嚥了。其中訣竅所在，端在熟能生巧，不斷細心體會。

當然啦！品享白糖蔥時，也可變點花樣，有些人怕太甜，會添加花生粉、香菜，外包春捲皮，形似小春捲，食來既可沖淡白糖甜度，也別有一番風味。不過，就我個人而言，還是喜歡原味，而且趁熱快食，又甜又鬆又脆，不愧是好零嘴。千萬別放太久，入口軟軟爛爛，全然不是味兒。

白糖蔥還有高檔做法，先製成稠狀糖漿，再倒入摻雜花生粉的熟糯米粉上，雙手不斷抻拉，擂捶使之攤平。由於反覆製作，糖漿產生層次，慧心巧手師傅，再趁隔層之間，包進花生、芝麻、香菜等，然後切成小塊。既美觀又中吃，外觀雖類貢糖，卻有特殊風格。可惜到目前為止，也只有吃過兩次，很想能重溫舊夢，不知幾時可解饞？

但可確定的是，白糖蔥雖為「小道」，其整個製作過程，卻十分費時費工，已不符合一切講求快速的工業社會，當下全國各個角落，很難找到專門從事這行的業者。或許此一古老行業，終將走入歷史，思之不勝欷歔。

東坡餅香酥脆美

炒麵一斤，熟脂油六兩，糖六兩，拌勻揉透，印小餅式（上爐炙）。模內刻「東坡酥」字樣。以雲豆粉做皮製餡，成品香甜酥軟，可口怡人。

食友自杭州回，贈東坡酥禮盒，內有紫薯、鷹嘴豆、白豆沙、核桃奶酪四色，由杭州「樓外樓食品公司」出產。據說「樓外樓」在研製「東坡宴」時，參考清代《調鼎集》的做法：「炒麵一斤，熟脂油六兩，糖六兩，拌勻揉透，印小餅式（上爐炙）。模內刻『東坡酥』字樣。」以雲豆粉做皮製餡，成品香甜酥軟，可口怡人。我趕忙拈起一塊，就著東方美人茶吃，忽憶起蘇東坡食餅吟：「小餅如嚼月，中有酥和飴」的詩句，不覺襟懷頓開，發思古之幽情。

此一東坡酥，又稱東坡餅，現為湖北小吃，前後共有兩種，皆非東坡所製，卻假東坡之名傳世。其一為赤壁東坡餅，其二則為西山東坡餅，雖均出自黃州，但製作方法各異，味道有別。

一、赤壁東坡餅，話說蘇軾被貶為黃州團練副使，居住在黃岡赤壁睡仙亭。亭北安國寺的長老參寥和尚，常與蘇軾弈棋賦詩，結為莫逆之交。蘇愛食油炸食品，參寥便以精緻的千層油酥餅款待。久而久之，出自對蘇軾的仰慕，便將此餅命名為東坡餅。此餅色呈金黃，以翻卷如花，酥脆香甜著稱，好此味者，不乏其人。

另，《調謔編》上記載著：「東坡在黃州時，嘗赴何秀才會食，油果甚酥，因問主人此名為何？主人對以無名。東坡又問：『為甚酥？』坐客皆曰：『是可為名矣。』又，潘長官以東坡不能飲，每為設醴（甜酒），坡笑曰：『此必錯煮水也。』他日，忽思油果，作小詩求之，云：『野飲花前百事無，腰間惟繫一葫蘆。已傾潘子錯煮水，更覓君家為甚酥。』」後人遂以此餅為「為甚酥」、「東坡酥」。按：此酥原是炸油果，形同饊子，又酥又香。而今所製成者，形呈千絲萬縷之勢，有盤龍虬繞之姿，酥脆香甜，其味頗美。凡遊黃州赤壁者，未食此餅，誠一憾事。

二、西山東坡餅，東坡謫居黃州，經常泛舟南渡，遊覽西山古剎，與寺僧過從甚密。寺僧以菩薩泉水（此水清澈甘甜，含多種礦物質，以之和麵，不需另加礬鹼，包括蘇打在內，製餅自然起酥）和麵，炸製成餅相待。東坡食之極美，喜道：「爾後復來，仍以此餅餉吾是幸！」此後，當地人便以「東坡」名餅。

清穆宗同治三年（公元一八六四年），湖廣總督官文暢遊西山，品茗嘗餅之後，覺餅香甜酥脆，乃叩問寺僧道：「此餅何名？」僧對以「東坡餅」。官文聞言大喜，即興撰聯一副。聯云：「門泊戰船憶公瑾，吾來茶語憶東坡。」從此之後，此餅便成鄂州市西山靈泉寺僧待客的美點，以色澤金黃，香甜清潤，口感酥脆而著稱於世。

老實說，以「老饕」自命的東坡，的確夠饞，肚量又宏。《清署筆談》指出：「東坡偕子由（其弟蘇轍）齊安道中，就市（今黃岡縣）食胡餅（即燒餅），糲（本意為粗，這裡指酥）甚。東坡連盡數餅。顧子由曰：『尚須口耶？』」人生得意，本須盡歡，何必忌口？且如此吃法，想來就過癮，一旦躬逢其盛，那股快樂勁兒，千言萬語難盡。

臭冬瓜萬里飄「香」

吃臭莧梗之妙，則在其「臭熟後，外皮是硬的，裡面的蕊成果凍狀，噙住一頭，一吸，蕊肉即入口中」，極宜佐粥。

寧波有句土話：「三日不吃臭鹹菜，腳步邁不開。」而在林林總總的臭鹹菜中，又以臭冬瓜和臭莧菜梗的名號最響，也最普及，是一款下飯佐粥的「無不妙品」。

船王包玉剛是寧波人，身家億萬，富甲一方。有一次，他侍父歸故里，準備猛灑金銀，以父親的名義，好好回饋地方。此一闊綽豪舉，自然受到地方官員和家鄉父老的歡迎，邀宴於「狀元樓菜館」。此館大有來頭，好菜不勝枚舉，像苔菜麵托黃魚、鹽水蟶子、蛋燉蛤蜊、鍋燒河鰻等，均是一時之選。包玉剛在嘗完在這些經典菜色後，心懷大暢，指名要吃闊別已久的「里味」——臭冬瓜。

然而，這種不登大雅的「粗菜」，非但「狀元樓」未備，別家餐館也沒供應，一時之間，上哪找去？幸虧菜館經理的反應快，催人四處速搬救兵，皇天亦不負苦心人，終於在一老媽媽家求得一碗，勉強應付過去。

包氏父子一嘗，心裡愜意極了，才轉眼間，一掃而空。船王不僅大聲叫好，極口稱讚，還感慨地說：「我在國外想臭冬瓜想了四十年，今天總算如願以償。」此事一經渲染，海外遊子歸來，無不點名品享。光是寧波一地，竟平添了細數不盡的「海畔逐臭之夫」，足見「口有同嗜」。

臭冬瓜一族中，臭莧菜梗可謂獨占鰲頭，據清人范寅的〈越諺〉記載：「莧（在台灣梗葉同食，但大陸只吃其葉，故植株越長越高，大老遠就看得見，乃以「莧」字為菜名），其梗如蔗段（截成二寸許），醃之，氣臭味佳，最下飯。」其具體的做法，乃將莧菜之老梗（一稱幹）「用滾水煮熟，置於罈（即臭滷甕）中，以鹽醃，經半月餘，覺有臭味，然後取而食之」，且「不俟其臭腐不食」。臭冬瓜的做法同出一轍，唯在製作前，必須先切塊。吃的時候，置於碗中，上灑幾滴香油。除鹹鮮夠味外，尚帶些許的酸，吃起來特別「香」，確是一道四時皆宜的開胃好味。

至於吃臭莧梗之妙，則在其「臭熟後，外皮是硬的，裡面的芯成果凍狀，噙住一頭，一吸，芯肉即入口中」，極宜佐粥。湖南人管它叫「莧菜咕」，只因吸起來「咕」的一聲，描繪傳神，可付一笑。

食在生活

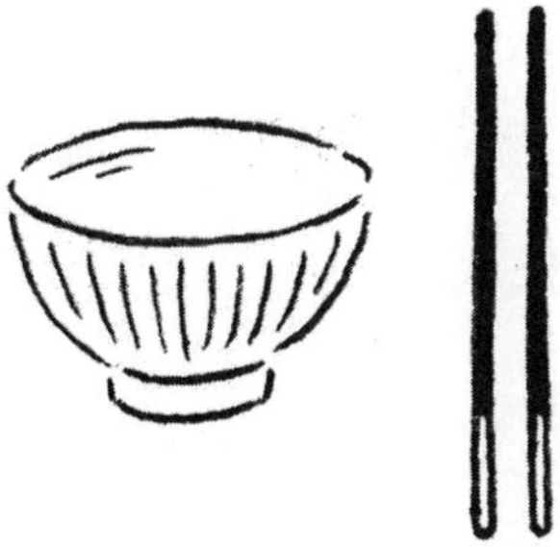

喫春酒 啟新機運

春酒這詞兒單獨出現時，專指立春當天宴席；如果春酒和其他食品（例如春餅、春盤）共同出現時，那麼所飲的酒，必然是燒酒或米酒。

中國人講究「無酒不成席」，因此，過年前後的兩大重頭戲——尾牙和飲春酒，自然就少不得酒。不過，所謂的「飲春酒」，一向有廣義和狹義之分，狹義的春酒，指的是純喫酒，像北方人喝的是燒酒，南方人則喝米酒。至於廣義的春酒，指的是立春的春宴。例如《儀封縣志》和《考城縣志》皆記載著：「立春；迎春，觀土牛，飲春酒。」

此外，新春時期的春宴，基本上是從初五起，持續個好幾天，止於元宵節。而在這段期間內，親戚朋友和鄰里之間，亦會互相宴請和拜訪。關於這一新年後的宴請，中國的華北地區，稱之為「請春酒」，《天津縣志》即記載著：「親友詣門互拜，數日交相宴會，名曰『請春酒』。」另，在東北地區，又稱它為「會年茶」，《蓋平縣志》亦有元旦「後十數日，此往彼來，有攜物品為禮敬者，張筵招宗族親友飲春酒。名曰『會年茶』」之記載。以上皆表明著，春酒這詞兒單獨出現時，專指立春當天宴席；如果春酒和其他食品（例如春餅、春盤）共同出現時，那麼所飲的酒，必然是燒酒或米酒。然而，春酒本身就涵蓋著兩種意義，不管它是立春的家宴，或是春節期間內官家或商家的春宴，總之，都離不開酒。

在立春的宴席上，春餅和春盤必不可少。春餅即是現在的春捲或潤餅，由於它的皮薄若蟬翼，也叫「薄餅」，且須以韭菜為主料，象徵綠意生春。一般的餡料，通常再用豆芽、肉絲、筍絲、豆乾絲；考究的人家，還會添加雞肉絲、海蠣、蝦仁、韭黃、冬菇絲等，倘將春捲炸透，則叫「炸春」。食此二者，其目的不外迎春接福。它如吃生菜（含白蘿蔔、紅萊菔等辛味菜蔬），取名「咬春」，都寓有「飲酒慶新春」及「荐辛（新）」之意，以示開春吉祥。

除立春當日外，正月初五俗稱「破五」，可以開市經營。中國江南一帶，且謂當天為「路頭神」生日，故商家「金鑼爆竹，牲醴畢陳，以爭先為利市」，祭罷則喫春酒。又，閩台地區於正月初九拜完「天公（即玉皇大帝）」後，當夜或第二天便「請春酒」，請親友們相聚。唯時至今日，大家都圖省事，請春酒之舉，幾乎由主人在初一到十五日之間，擇一日請客人吃，而且對象不拘，及於公司行號，多在餐館設宴，席間杯觥交錯，菜色亦不講究。反正喫個春酒，彼此聯繫感情，迎春兼開新運。

迎春食巧過好年

台灣俗稱的「圍爐」，通常在飯桌上擺個火鍋或砂鍋，這鍋騰騰熱菜，不如用芥菜雞，用雞腿到全雞，剁切成塊，芥菜專取嫩心，加些嫩葉亦可，還可加些蘿蔔與貢丸等……

告別虎虎生風的一年，轉眼之間，獻瑞的新年翩翩即至。在這一送一迎中，其間最重要的，莫過於過年，尤其是過個好年。而今生活富裕，衣服隨時可換，好料隨處能吃，年味已淡了些。然而，習俗不應忘，口采更可貴，吃飽又吃巧，過起這年來，才覺有意思。

在迎舊布新中，關鍵時刻是除夕，其重頭戲的年夜飯，普受舉世華人重視，全家圍坐一圈，象徵團圓和樂。

這頓飯在台灣，俗稱「圍爐」。通常在飯桌上擺個火鍋或砂鍋。而這鍋熱菜裡，又名「長年菜」的芥菜必不可少，有蘿蔔也不錯，因為菜頭和「彩頭」乃一音之轉，放些魚丸、蝦圓、貢丸更好，象徵闔家團圓，如果三者俱備，就是個「大三元」，口采好到不行。如果還有全雞，來個「食雞起家」，豈不更妙？

只是當下小家庭居多，無法像古早那般，雞鴨魚肉，應有盡有，鮮臘葷素，一應俱全。既要顧全口采，又要吃得盡興，依我個人淺見，這鍋騰騰熱菜，不如用芥菜雞，可視人數多寡，用雞腿到全雞，全部鸞切成塊，芥菜專取嫩心，加些嫩葉亦可，如果嫌量不夠，加些蘿蔔與貢丸等，雖然簡單樸素，顧全營養健康，在滾滾氤氳中，全家和樂融融，即使寒流來襲，也是窩心得很，讓人感覺有如一股暖流上心頭。

除這鍋熱菜外，表示「長長久久」的韭菜，不論清炒或加肉絲炒，都很下飯下酒。而菜餚經火一炸一燻，即代表著家運興旺，這時準備些炸雞、卜肉（炸豬裡脊）、燻雞、燻豬頭肉等，皆為不錯選擇。而以下的這些菜，全有連連妙喻，充滿如意吉祥。比方說，炒個什錦菜，一稱「安樂菜」，又叫「如意菜」，食罷大魚大肉，最宜食些菜蔬，保證如意安樂，整年事事如意。而這豆腐嘛！取其諧音「都福」，代表著「全家福」。至於腐乳肉，或近年流行的腐乳雞，口采尤其棒，以音似「福祿」，更令人愛煞。

又，指標菜之一的魚，該如何受用，學問可不小。此魚最好是用鰱魚，魚得用整條，最好有兩尾，取其「連年有餘」之意。但此魚在年夜飯時，有些是擺擺樣子，也有的人主張不能吃個精光，非得剩下一些，這樣才算有餘。而講究的人家，絕不能吃頭、尾，這樣做起事來，才會「有頭有尾」。看來習俗因人因地而異，最重要的，則是多說些吉祥話，每個人聽了都受用。

吃罷年夜飯，接著是守歲。在這個當兒，水餃是要角。一方面固然是正歲交「子時」，一旦吃餃子，即寓有「更歲交子」之意，代表著從此之後，一元復始，萬象更新。另方面則因餃子形如元寶，希望大家招財進寶。

年初一一大早，又該吃些什麼？我個人以為還是吃年糕搭配芋頭湯最好。年糕可甜可鹹，做法可蒸可煎可炸，吃法細數不盡，食罷快然自足，況且「年年高陞」，又那個人不愛？而那芋頭湯，也有典故的，無非取「遇頭」的好兆頭。

元旦一早吃畢，最常見的活動，就是去拜個年。台灣人去拜年，「食（呷）甜」必不可少。就在食甜之際，得講些吉祥話，彼此才有光彩。說完了場面話，客人即使不想吃盛裝在朱漆木盒或九龍盒內的乾果及甜食，也會拿取一物以示尊重、恭賀之意，湊個趣兒，圖個吉利。

年初一的午晚飯，其實大家已吃撐了，不妨吃簡單些，休養生息，來日再戰。有的人乾脆用麵條和餃子煮一大鍋，管它叫「金絲穿元寶」或「銀絲吊葫蘆」，又金又銀的，口采還真好。我會建議來個羊肉爐，多準備些豆腐皮、凍豆腐、大白菜或高麗菜等配料。畢竟，春節（正月）為「三陽開泰」之時，羊與陽同音同調，且「羊，祥也」，這時節嘗這種靈獸和吉祥物的化身，正如《西遊記》上所說的：設此三羊，「以應開泰之言」，可以增長氣力及福氣。

而在品享羊肉爐時，將前一夜未吃或食尚有餘的魚兒，放進去一塊兒滾，也是不錯的法子。既可互濟其美，湯頭格外醇厚，而且合起來又是個「鮮」字。還是清代詩人趙翼說得好，其詩云：「李杜詩篇萬口傳，而今已覺不新鮮，江山代有才人出，各領風騷數百年。」喝了這鍋鮮湯，啟迪大夥靈感，充分發抒才情，保證在兔年大展才華，大顯身手。

初二是回娘家的日子，台灣從南到北，到處車子塞爆，氣氛好不熱鬧。由初五開始到元宵節這段期間，人們會選一天或擇數日款待親友，一般稱「請春酒」或「春宴」，有的地方則叫做「會年茶」。人數不一，豐儉不拘，及於公司行號，多在餐館設宴，席開杯觥交錯，菜色亦不講究，反正喫個春酒，彼此聯繫感情，近春兼開新運。不過，現今的台灣，請吃春酒的日子，多半選在正月初九或初十，待初九拜完「天公（即玉皇大帝）」後，當夜或第二天，即是請親友相聚的辰光，縱使非約定，但此俗已成，一日跑幾攤，不是新鮮事。

今年的正月初二，適逢立春。這天為農曆二十四節氣之首，有很多地方就會選這天吃春酒。例如《儀封縣志》和《考城縣志》均記載著：「立春；迎春，觀土牛，飲春酒。」大體而言，春酒這詞兒單獨出現時，專指立春當天的宴席；其主要食品為春餅，或稱春盤。而所飲的酒，必然是燒酒或米酒，大江南北，民風頗有不同。

基本上，春餅這玩意兒，早在唐宋時已有。當時的吃法，是以薄餅加上時令蘿蔔、季節蔬菜等，皆切成小條，煮熟再包裹而食。到了明代，正式成為宮廷御食。據《酌中志・飲食好尚》的記載：「正月……立春之前一日，順天府於東直門外（「迎春」），凡勳戚、內臣、達官、武士……至次日立春之時，無貴賤皆嚼蘿蔔。互相請宴，吃春餅和菜。」及至清朝，飲食巨著《調鼎集》所記載的春餅製法為：「乾麵皮加包火腿、肉、雞等物，或四季時菜心，油炸供客。又，鹹肉腰、蒜花、黑棗、胡桃仁、洋糖共剁碎，捲春餅，切段。又，柿餅搗爛，加熟鹹肉肥條，攤春餅，作小捲，切段。單用去皮柿餅，切條作捲亦可。」另有火腿春餅、野鴨春餅及韭菜春餅等名目。種類繁多，手法多元，讓人歎為觀止。

話說回來，春餅即是現在的春捲與潤餅，春捲須用油炸，又透又香又脆，可謂三絕。潤餅則吃本味，既扎實又料多，真是可口。潤餅又因其皮薄如蟬翼，一名「薄餅」。正宗的吃法，以韭菜為主料，象徵綠意生春。普遍的餡料，一般再用豆芽、肉絲、筍絲、豆乾絲；考究的人家，還會加添雞肉絲、海蠣、蝦仁、韭黃、冬菇，由於生食，故稱「咬春」。此外，春捲，又叫「炸春」，一炸即旺。而食用這兩種春餅，其目的不外迎春接福，都寓有「飲酒慶新春」及「荐辛（新）」之意，以示開春吉祥，能贏在起跑點。

由上觀之，過年只要會巧食，就會吃得呱呱叫，圖他個整年吉利，可以祥和如意。從連年有餘起始，接著萬象更新、三陽開泰、年年高陞，一直到開春吉祥。一連串的好口采，必然能增添福祿。當這個一元復始之時，即可一躍千尺，進而一飛沖天。

趁著龍年食補療

台海名產的土龍，以產在鹿港者最佳，若論傳奇性，更遠在其他的海鮮如蚵、蟳、西施舌、白北仔（鯧魚的一種）、文蛤、烏魚、蝦猴之上，滋味絕美，療效甚優，歷來即是行家眼中的珍品。

曾有人很自豪地說：「天上飛的，不吃飛機；水中行的，不吃船艦；地上跑的，不吃車輛。」話講得很誇張，也因而有意思。不過，在十二生肖中，能天地皆有別名的，只有虛無縹緲的龍。有趣的是，它們不但都是食物，且有補益和治病的效果，說起來還真神奇哩！以下所要介紹的，則是有「天龍」之稱的蜈蚣，有「地龍」之名的蚯蚓，以及在海灘泥地鑽洞的土龍。

首先要談談的，為毒性甚強、走竄迅速、能啖諸蛇的蜈蚣。只是牠明明在地上爬，卻被叫做「天龍」，我實在莫名其妙，還盼讀者們有以教之。

俗稱「百腳」的蜈蚣，喜棲居於潮溼陰暗之處，其分布範圍極廣，幾乎涵蓋全中國。歷史上向以蘇州產者最良，背光脊綠，足赤腹黃。當藥用時，甚至有「捨蘇蚣均不可用」之說，足見其名貴。然而，明明是人間天堂，竟成此一醜怪之物的大本營，還真令人難以置信。

目前中國蜈蚣每年產量最多的地方，當屬浙江的岱山縣，平均可達一百七十萬條，堪稱「蜈蚣之鄉」。這麼多的蜈蚣，多半充作藥用，有些則被吃掉，其食味之佳美，倒是有口皆碑，甚為饕客推崇，而且古今皆然。

據古文獻記載，早在晉代之前，人們即吃蜈蚣，同時評價頗高。例如晉人葛洪〈遐觀賦〉上說：「南方蜈蚣大者，長百步，越人爭買為羹炙。」至於牠的味道，反而眾說紛紜，像沈懷遠的《南越志》認為：「曝為脯，美於牛肉」；《臨海異物志》則云：「以作脯，味似大蝦。」我早年曾在喜義鹿草和宜蘭員山的食堂，嘗過鮮活蜈蚣，可惜非炸即熏，品不出其似啥？但滋味絕不差。

猶記得金庸武俠小說《神鵰俠侶》內，提及北丐洪七公捕食蜈蚣之法，經查《清稗類鈔》，方知此法出處。原來「道光以前，青浦之佘山人喜食蜈蚣。其物味美而色白，長可三四寸，闊如指。欲食者，須於四五日前烹一雞，納蒲包中，置山之陰，越宿取歸，蜈蚣必滿。連包煮熟，出而去其手足與皮，復殺雞，燉湯煮之……。」此外，嶺南老饕的食法稍異，乃「把公雞毛用土掩埋地下，過了若干時日，挖掘泥土就得蜈蚣窩。把蜈蚣捉來後，放在水裡燙，燙得半熟撈出鍋，就可以像剝蝦殼一樣，把蜈蚣殼剝除，連頭帶毒螯一齊剝掉，而其玉白細嫩的肉……樣子像蝦仁，味道比蝦仁還鮮美。」金庸生於浙江，長住香港，自然熟悉典故，運用於小說中，也就不足為奇了。

蜈蚣曾是粵式滿漢全席的一道前菜，不僅生吃，而且講究。其長短有一定規格，以每條五寸為合度，食客每人兩條。上席之前，先用一個紅紙封，將其套住密封，放在白瓷碟上，接著由老經驗的堂倌捧進，聲明這是蜈蚣。客人想吃的話，便取出套封，置桌面上，用手按定，讓蜈蚣擺正伸直，隨即捂住其頭尾，以超熟練的手法，扣緊蜈蚣之頭骨，用手一扭，頭即分離；再用手一捏，尾節立斷。就在這時候，封套露出小孔，堂倌輕輕一扯，肉即脫殼而出，光滑透明，晶瑩如蝦，置寸碟內，即可奉客。

這種食法，鮮活耀眼，驚心動魄。但一想到它能通瘀、散熱、解毒，且「內而臟腑，外而經絡，凡氣血凝聚之處，皆能開之」，我就朝思暮想，頗欲一嘗為快。

其次想聊聊的，則是通筋活絡，「體雖卑伏，而性善穴竄，專殺蛇蠱三蟲，伏屍諸毒」的蚯蚓。

原名蚯蚓的地龍，「乍逶迤而蟮曲，或宛轉而蛇行」，牠所以名地龍，相傳與宋太祖趙匡胤有關。原來他老兄登基不久，操勞過度，患「纏腰蛇丹」症，併發了哮喘病，痛苦不堪，群醫束手。一賣藥郎中，奉旨入宮內，先察看病情，見環腰出水泡，有如串串珍珠。乃去殿角開啟藥罐，取出幾條蚯蚓，撒上些許蜂蜜，馬上溶為水液，再用棉花蘸塗太祖患處，太祖立刻感到清涼舒適。然後，他又捧另一盤蚯蚓汁請太祖服下，太祖驚問：「此乃何藥，既可外用，又可內服？」郎中回稟：「皇上是神龍下凡，民間俗藥豈能奏效，這藥叫地龍，以龍補龍，當可痊癒。」太祖聽罷，心神始定，把「藥」嚥了下去。醫治七天後，居然皰疹落，哮喘亦止息。從此，地龍的名聲及療效，眾所周知。

俗話說：「偏方氣死名醫。」蚯蚓上邀聖眷，而且著手成春，並非始於郎中。早在兩千餘年前，《神農本草經》已載蚯蚓入藥。不光在中國，歐洲十四世紀的《百科全書》內，亦提到：「蚯蚓粉夾麵包，可治膽石和黃疸；蚯蚓灰調玫瑰油，可治禿髮。」這種偏方是否靈驗，我可不能保證。不過，古代以蚯蚓入藥，「須取白頸，是其老者，或路上踏死者，名千人踏，更良。」聽起來怪怪的，果真如此方佳？仍然莫明所以，或許是經驗吧！

數年前，曾在報上看到一則新聞，指出：英國某小學校長，年屆耳順，好食蚯蚓，努力挖掘，日食數十條，已歷十寒暑，尚樂此不疲。接著又報導，南太平洋某群島，其土著偏嗜生吞蚯蚓，少此不歡。由於蚯蚓性味鹹寒，具有清熱之功。原住民因天熱而喜食，還可理解。該校長若非體質燥熱，怎會出此下策，竟將活生生的地龍，一一送入口中。

我曾狠狠摔了一跤，腰椎極疼，下肢麻木，坐立難安，致有溼熱之疾，加上血壓略高，大夫乃在藥材內，另添數錢地龍粉，盼「能解諸熱疾下行」。但聞熬好的湯汁中，隱約浮現腥氣，非得緊鎖眉頭，否則無法下嚥。現在血壓仍高，有人推薦偏方，「用活蚯蚓三至五條，放盆內排出汙泥後，切碎，以雞蛋二到三個炒熟，隔天吃一次，至血壓降到正常為止」。我雖有心治癒此疾，卻要這麼殺生，而且遷延時日，不知伊于胡底？看來也只好放棄了。

最後才隆重登場的，則是台海名產的土龍，此尤物以產在鹿港者最佳，若論傳奇性，更遠在其他的海鮮如蚵、蟳、西施舌、白北仔（鰆魚的一種）、文蛤、烏魚、蝦猴之上，滋味絕美，療效甚優，歷來即是行家眼中的珍品。

學名波路荳齒蛇鰻的土龍，棲息在泥灘的洞穴裡，其外觀與鰻相近，差別主要在鰻的嘴闊，土龍的嘴尖，鰻靠尾扇游泳，土龍則好鑽洞。又，其習性為：大白天休憩，只有在清晨及晚間漲潮時，才出洞外覓食，愛吃活蝦及蝦猴，其吃蝦猴之法，堪稱一絕。先將尾尖探入蝦猴洞內，再以螺旋狀一翻攪，蝦猴不堪其擾，馬上逃出洞外，正好讓牠吞食。至於討海人抓土龍，有用蝦猴當餌釣的，或用網的、電的。還有用刺的。只是遍體無傷擒獲的，可存活一個月，甚至耐命一年，而受了傷的，一兩天即死，賣方急著出貨，勢必身價大跌，諸君要補，不可不知。

有趣的是，土龍亦有山寨版，比牠短身的叫「短戳」，比牠長身的稱「長戳」，必須詳加比較，始能看出端倪。以一斤重為例，土龍約長三尺二寸，鯽魚眼，骨刺如虱目魚刺；短戳僅二尺一寸，刺如倒鉤；長戳則三尺七寸，倒吊貓眼。其最大的差別，還是在尾巴，短戳的較扁，長戳的略尖，而土龍最明顯處，卻是有點紅硃，鮮明透亮。

純就滋味而言，相去並不太遠，但對補益來說，應有天淵之別。畢竟，土龍的功效在減龍骨（脊椎骨）痠疼，治關節風溼，通筋脈血路，且療效顯著。但不論是長戳、短戳，吃起來「無效」，只能論斤賣，還乏人問津。

土龍不能亂補。年幼者只能吃四、五兩重的，徐徐收功，過猶不及；年長的則食大尾，越大尾越夠力，如果不濟，再補一尾。通常吃過土龍，非三日難見效，甚至一週後，才有個譜兒，很多初次嘗的，以為立竿見影，隔天就要見效，因而常與願違，老是嚷著無效。

我未食過土龍，但喝過用牠浸泡的藥酒，據說療效非凡，甚至超過本尊。或許只喝個兩杯，體會不出其妙用。

拉雜走筆至此，所談皆是「龍」肉，盼讓閣下一新耳目，如大開眼界後，更想身體力行，那就恭喜各位，不但嘗到異味，而且藥到病除，進而通體舒泰，過個好的龍年。

愛食菜尾無貴賤

台澎金馬也有些地方，即以菜尾為基礎，發展出另一套美味來，像宜蘭的「西滷肉」、金門的「燕菜」即是，五彩繽紛，食之爽滑，味道真棒。

古早的農業社會中，物質普遍缺乏，在那個艱苦的年代裡，人們平日想滿足口腹之欲，實非易事。因此，就會想點名堂、弄些花樣，好好打個牙祭。此外，婚喪宴席絕對是不可或缺的要角，每讓人們恣餐飽啖，吃得不亦樂乎。有幸赴宴的人，固然興高采烈，沒法子去的人，自然掃興極了。為了彌補這個缺憾，主人便請客人把吃剩的飯菜，一一打包帶回，好讓未參加的，也能共享滋味。而這些打包帶回的飯菜，正名叫做「餕」或「餕餘」，俗稱「菜尾」，乃一種不登大雅的食品，故有「餕餘不祭」的說法。

如把這些菜尾連同殘汁混在一起，擺上一段時間，就會產生一股特別的酸香味，食來別有滋味。山東人將這種天然成形的再製品，稱為「渣菜」。此吃法今日視之，即使其在食前，已經煮沸過了，仍不值得提倡。不過，人們會吃「渣菜」，並無貴賤之分。只是窮人多半不得已而食之，但富貴中人卻嗜食此味，未免就太不尋常了。

孔府是「天下第一家」，貴登極品，富甲一方。其主人為至聖先師孔子的後裔，受封為「衍聖公」。傳到第七十六代的孔令貽時，已是清朝末年。據他的女兒孔德懋在《孔府內宅軼事》一書裡指出：「聽說我父親生前除了喜愛珍饈美味，還愛吃『渣菜』，……說有股酸味，好吃。曲阜城裡有兩家『大戶』，孫家和蔣家在前清年間，當過道臺之類的官。我父親常和他們交往，每逢他們家裡有喜慶壽筵，我父親就會派當差拿著盆去要『渣菜』，人家不好意思真的給『渣菜』，現給做些菜，混在一起燴燴，設法做得像些，否則我父親不愛吃。」孔令貽這種自家吃不夠，還要向人討的吃法，當然讓家人受不了。其繼室陶氏只得另開「小灶」，以免看了噁心。

其實，「渣菜」並不完全是由餕餘形成的，像山東省的一般人家，常將蔬菜和豆漿炒燴成可口的下飯菜，若把這種家常菜放久一點，也會產生一股酸香的味道，與餕餘所釋出的味兒，倒有幾分彷彿。因其味淡香清，除齒頰留芳外，感覺特別爽口，甚為吃慣油膩的孔令貽所喜，常在春、秋時節，差遣僕人到孔林中，採集一些野菜，再加點當令蔬菜，與豆漿燴製成這種「渣菜」。少此不歡，無此不樂。

講句真話，口有同嗜，不分貴賤，台澎金馬也有些地方，即以菜尾為基礎，發展出另一套美味來，像宜蘭的「西滷肉」、金門的「燕菜」即是，五彩繽紛，食之爽滑，味道真棒。純就燕菜而言，我曾在金門的「聯泰餐廳」及「阡陌餐廳」吃過甚佳者，食味津津，確為妙品，今日思之，仍覺有味也。

換個角度來看，一個人的飲食嗜好，和他本人的身分，應該毫無關係。基本上，只要我愛吃，沒啥不可以。但有個大前提，就是講究衛生；倘為一時嘴饞，因而吃出毛病，損及身體健康，那就划不來了。

關於無心炙種種

豬心冬粉在製作上，先把豬心片得飛薄，置於特製的鋁杯中，澆淋熬四小時之久的豬腳高湯和些許調味料，接著將鋁杯放在原味大鍋中略燙，約一分鐘取出。

唐代宰相段文昌「尤精饌事」，曾編過五十卷《食經》，盛行一時。其子段成式，曾任校書郎，於博學強記外，亦善樂律，且承襲家風，精於品味，所撰的《酉陽雜俎》一書，其〈酒食篇〉極精闢，乃研究南北朝至唐中葉的飲食寶典，就中的掌故軼聞，百讀不厭。

有一天，段成式騎馬出獵，錯過中餐，飢餓難耐，只好在荒郊的某戶人家叩門求食。老婦啟門迎客，燃柴架鍋，怎奈家中僅有豬心而無配料，便切細再水煮成「炙臛（肉羹）」，聊給餓漢充飢，段在飽食之後，覺其滋味之美，遠勝官宦之家的餚饌，認為此菜隨意烹調，居然如此味美，實因發揮食材自然之性，控好火候，才能美味至斯。

段回到相府中，雖然滿桌佳餚，但他所念念不忘的，仍是那碗「炙臛」，便令廚師依法烹製，味道果然不相上下，由於「無心成菜菜自美」，乃將它命名為「無心炙」。

清代著名的豬心菜，乃《調鼎集》記載的「燒豬心」和「糟豬心」。前者製法較易，僅把豬心「切丁，加蒜丁、醬油、酒燒」，因其口感甚佳，至今仍是上海地區的傳統菜餚，民間且常用此饌補心血之不足。

約在一甲子之前，台南人氏黃昌蓉君為謀生計，在保安宮前設攤賣當歸鴨，但售此味者甚多，而且處理鴨子極費工夫，在競爭壓力大和利潤有限下，只好另闢蹊徑，把腦筋動到不需太費事的豬身上，並製作出各式各樣的小吃來。

其中最著名的一味，乃別出心裁的豬心冬粉。其製法出自福州，號稱「水響燉」，亦即所謂的隔水燉。

黃氏的豬料理，採用當天的溫體肉。其豬心冬粉在製作上，先把豬心片得飛薄，置於特製的鋁杯中，澆淋熬四小時之久的豬腳高湯和些許調味料，接著將鋁杯放在原味大鍋中略燙，約一分鐘取出，質地緊脆並帶腴嫩，而且不失本味，加上口感頗佳，光食此心，即可大快朵頤。

隨即撈出鋁杯，添入冬粉、薑絲，統統放在碗中，搭配調料即成。其妙在豬心與冬粉的質地相近，彼此相容，先吃片豬心，再吸口粉絲，最後呷口湯，三者分納口中，竟能一氣呵成，堪稱可口小食。然而，此一妙物務必趁熱快食，如果外帶或放涼再吃，時間一長，腥氣即重，不堪細品，那就瑕必掩瑜，滋味大打折扣了。

由於豬心有安神寧志、補益心血的作用，因而心血不足、心煩不寐、心悸自汗、怔忡健忘之人，宜常食此。我這個「傷心人」，以「別有懷抱」，特愛食它，藉以吃心補心，台南黃氏的豬心冬粉，現已由其子阿文及阿明繼承衣缽，各逞佳味，分庭抗禮，各有其愛好及擁護者。

餐桌之上應惜福

據說英王亨利八世光是一頓早餐，就吃十個雞蛋、兩盤雜食、三大片炙牛肉和一方火腿。中午則是燒烤全羊，供他一人大嚼。晚餐更是擺滿整整一桌。天天如此，全年無休，因而落得個「饕餮大王」之名。

好在餐桌上擺闊，乃人情之常，古今中外，莫不如此，但此歪風誠不可長，應有所節制才是。

宋朝時，官拜節度使的孫承祐，出手闊綽，常在家中「一宴殺物命數千」，並自誇道：「今日座中，南之蛸蚌，北之紅羊，東之蝦魚，西之果菜，無不畢備，可謂富有小四海矣！」他這種擺闊的作風，簡直像個暴發戶。但換個角度來看，在往昔運輸不便的情形下，他老兄竟能統統蒐集到手，其財力之雄厚，由此可見一斑。

無獨有偶。羅馬皇帝維特利奧也頗好此道，曾在一次宴會時，備齊一千兩百個牡蠣，這在今日看來，只是小事一樁，當時可是豪舉。有一天，他為了招待主教，更使出渾身解數，席間烹熟二千條不識其名的怪魚和六千隻珍禽奇鳥。尤令人震驚者為，他居然是個「怪味大王」，像海鯛肝、雞腦、火烈鳥舌與海鰻乳汁等玩意兒，都是他的最愛。為了弄到異味，竟派遣一支龐大的船隊，經年累月的在地中海裡搜尋。

明代權相張居正享受慣了，即使山珍海味，都不足以勾起他的食欲。《玉堂叢語》記其奉旨歸喪，「招過州邑郵，牙盤上席，水陸過百品，居正猶以為無下箸處。」他的行徑與日食萬錢，仍無法下筷子的何曾，同樣受人訾議，斥為浪費荒唐。

其實，飲食貴在量力而為，適可而止。是以暴殄天物，本就不該，而暴飲暴食，亦不可取。比方說，英王亨利八世為了解饞，捨得猛撒銀子，成天大吃大喝。據說光是一頓早餐，就吃十個雞蛋、兩盤雜食、三大片炙牛肉和一方火腿。中午則是燒烤全羊，供他一人大嚼。晚餐更是精采，擺滿整整一桌。從傍晚開始吃起，一直持續到半夜，而且不停的乾杯，真不曉得他的肚量到底多大！尤令人訝異的是，天天如此，全年無休。他也因而落得個「饕餮大王」之名，堪為暴飲暴食的代表人物。

能吃固然是福氣，但不宜享用太過。即便是富有四海，君臨天下的皇帝，亦應崇儉惜福。《唐語林》中記載一則軼事，深值吾人省思。話說唐肅宗仍是太子時，曾伺候玄宗用膳。當他把切過肉、上沾著油的刀子，往胡餅（即今之燒餅）上抹拭時，玄宗看了，很不高興。直到他拿起餅送口後，玄宗這才露出笑容，正色對肅宗說：「福當如是愛惜。」

「人飢而食，渴而飲」（語見《禮記》），乃天經地義的事。但在講究飲食之前，實不應只求氣派，浪擲金錢；而且要量力而為，適可而止。朱柏廬《治家格言》上說：「一粥一飯，當思來處不易。」這句話若能常在我心，相信必能樂而不淫了。

家常飯菜最好吃

家常菜好吃的關鍵，在取材上，必用當令且量多者，食材新鮮，只要簡單烹調，即有無窮至味。而在製作上，即使家常小烹，也決不馬虎，就是有剩菜，亦重新組合，賦予新滋味。

俗話說：「鐵打的衙門，流水的官。」大小官員如流水般的調來調去，屁股還沒坐熱，怎能有所建樹？因此，先賢范仲淹才會說：「常調官難做。」接下來的話，就有意思了，叫做：「家常飯好吃。」此家常飯何解？乃「日常在家所食，藉以果腹者也。其肴饌，大率為雞、魚、肉、蔬」。這種尋常玩意，想要燒得好吃，滿足家人腸胃，絕非等閒之事，會讓主中饋者，絞盡腦汁，傷透腦筋。

不過，早在幾十年前，由於生活艱難，凡是洗衣燒飯，主婦都得親自打理。為了變些花樣，在形勢所逼下，每成烹飪高手，有其拿手絕活，而且百吃不厭。這種母性菜藝，最是讓人垂涎，海外的遊子們，更是終身難忘。

家常菜好吃的關鍵，首先是取材，其次是技藝。在取材上，必用當令且量多者，故「物美而價廉，眾知而易識」，清人沈石田的〈田家樂〉一詩，頗能道其詳，詩云：「雖無海錯美精肴，也有魚蝦供素口；雖無細果似榛松，也有荸薺共菱藕；雖無蘑菇與香菌，也有蔬菜與蔥韭。……灶洗麩，爊葫蘆，煸莧菜，糟落蘇，蜆子清湯煮淡齏。蔥花細切炙田雞，難比羔羊珍饈味……」由於食材新鮮，只要簡單烹調，即有無窮至味。而在製作上，即使家常小烹，也絕不馬虎，就是有剩菜，亦重新組合，賦予新滋味。如此的慧心巧手，難怪讓人們津津樂道，念茲在茲。

而今標榜「阿嬤的味道」和「媽媽的味道」的店家，亦吸引甚多食客，雖無規模可言，卻有自家風味，偶爾換個口味，平添生活樂趣。

食前方丈非養生

食不需多味。每食口宜一、二佳味，縱有他美，需俟腹內運化後再進，方得受益。若一飯而包羅數十味於腹中，恐五臟亦供役不及，而物性既雜，其間豈無矛盾？亦可畏也。

我是個早產兒，生下來還不到兩千公克。過了五十七個年頭後，而今身軀高大、體重近百。每向人說起出生時才一丁點兒的往事，當然無人相信，甚至認為是句玩笑話。不過，「事實勝於雄辯」，今昔差異如此之大，絕非一朝一夕之變，而是經年累月之功。從體弱多病的稚年過渡到身強體健的青少年（小學畢業時，身高已近一百七十公分，孔武而有力），所倚仗者，唯飲食而已。

說正格的，我的口福出奇地好，自幼過口的山珍海味、野味佳肴無數，也正因如此，體質整個丕變，才能由弱轉強。老祖宗所謂的「醫食同源」或「藥膳同功」，似乎在我身上得到了若干印證。然而我有個不好的習性，就是好吃，不計多寡，只要對味，必貪多務得，細大不捐，活像個拚命三郎，難怪在奮不顧身下，體重一直居高不下，即使是不「惡」化，亦難於上青天。《呂氏春秋‧本生》記載著：「肥肉厚酒，務以自強，命曰爛腸之食。」適足為若我之饕餮者戒。

基本上，我對《食醫心鑑》上所說的：「凡欲治病，且以食療不癒，然後用藥。」及《調疾飲食辯》所謂的：「飲食得宜，足為藥餌之助，失宜則反與藥餌為仇。」之觀點，極為肯定，但總覺得消極了些。還是「藥王」孫思邈的話深得我心，他在《千金食治》一書中指出：「安身之本，必資於食；救疾之速，必任於藥。不知食宜者，不足以存生也；不明藥忌者，不能以除病也。……是故食能排邪而安臟腑，悅神爽志，以資血氣。若能用食平痾，釋情遣疾者，可謂良工。長年餌者之奇法，極養生之術也。」誠積極養生之妙論，於此再三致意，善用食物者也。

中國最古老的中醫文獻為《黃帝內經》，成書約在戰國時期，書中的〈素問‧藏氣法時論篇〉，將食物區分成穀、果、畜、菜四大類，此即現常引用的五穀、五果、五畜及五菜。此「五」乃泛稱，不一定是具體五種。大致而言，五穀主要指黍、稷、稻、麥、菽（豆），五果即桃、李、杏、棗、栗，五畜乃牛、羊、犬、豕、雞，五菜為葵、藿、蔥、韭、薤。而這四大類食物在飲食生活中的作用和所占的比重，書中講得具體明白，此即所謂的「五穀為養，五果為助，五畜為益，五菜為充」。養者，主食也；助、益、充者，皆副食也。如能「氣味合而服之」，必可「補精益氣」。

這裡所謂的「氣味合」，實為「五味合」，它指的是「心欲苦，肺欲辛，肝欲酸，脾欲甘，腎欲鹹。此五味所含藏之氣也。」只要五味不合或太過，對人體絕對有損，不可不慎。

將前兩者結合，並發揮其奧者，當為姚可成補輯的《食物本草》，其卷二十二〈攝生所要〉云：「麥養肝，黍養心，稷養脾，稻養肺，豆養腎，以五穀養五臟；李助肝，杏助心，棗助脾，桃助肺，栗助腎，以五果助五臟；雞補肝，羊補心，牛補脾，犬補肺，豬補腎，以五畜益五臟；葵利肝，藿利心，薤利脾，蔥利肺，韭利腎，以五菜充五臟。」闡述精闢，一目了然，運用之妙，在君一心。

既明白食物的功用及屬性，他的《飲食須知》一書，其對食物的宜忌，就著墨甚多，有參考價值。另，古人講究「不時不食」，故探討「節令食宜」及「節令食忌」者頗多，散見於各歲時、醫書和食書中，其中，有道理者，固然不少；穿鑿附會者，亦所在多有。應細加辨別，取精始用宏。

話說回來，就我個人而言，飲食除養生外，該怎麼選？怎麼製作？怎麼保存？產於何處？佳品如何？名菜典故等等，皆是饒富興致的探討範圍。打從讀高中時，便費心思蒐羅，進而廣為閱讀，積數十年之功，總算略有小成。就中最令我拍案叫絕、捧讀再三者，共有兩本書，全是清人著作，其一為《隨園食單》，其二為《隨息居飲食譜》。

《隨園食單》的作者為大才子兼美食家的袁枚，他在該書的序指出：「每食於某氏而飽，必使家廚往彼灶觚，執弟子之禮。四十年來，頗集眾美。有學就者，有十分中得六、七者，有僅得二、三者，亦有竟失傳者。余都問其方略，集而存之。雖不甚省記，亦載某家某味，以誌景行。」因其好學至此，加上文筆優美，言簡而意甚賅，每能發人深省。我得力於此書甚多，迄今仍覺受益匪淺，經常置諸桌右，以便隨手翻檢。這情形一如《笑傲江湖》中的任我行，既習得「吸星大法」，從此之後，每練一回，深陷一次，除非破解奧祕，再也難以自拔。

《隨息居飲食譜》乃名醫王士雄的傲世名著。王氏在醫界，「蔚然成為一世宗匠」。此書博大精深，將「飲食為日用之常，味即日用之理」的精義，發揮殆盡。它以食功為經，食味為緯，縱橫交錯，頗耐人尋味。

其實我很感謝夏曾傳先生，他老兄的《隨園食單補證》，特色在先對《食單》逐條箋證，旁徵博引，提高其學術性，同時將《隨息居飲食譜》中的相關內容，植入

《食單》之內，增加其知識性，務使「一舉箸間，皆有學問之道在、養生之道在」。我開始對食材做全方位的研究及歸納，實肇因並奠基於此。

朱彝尊在《食憲鴻秘》中說得好，他指出：「食不需多味。每食口宜一、二佳味，縱有他美，需俟腹內運化後再進，方得受益。若一飯而包羅數十味於腹中，恐五臟亦供役不及，而物性既雜，其間豈無矛盾？亦可畏也。」看來，以大胃王自許的我，為了身體的健康，該省口腹之欲了。諸君如為「我輩中人」，也建議您飲食有節，只要留得青山在，何愁沒有美食享。難道不是嗎？

食有所聞

近世台灣飲食觀

台北市於光復初始，專賣各地「土吃」的館子林立，台式小吃則以台南府城為重鎮，至於客式小吃則多集中於桃、竹、苗及高、屏等客家人集中的地區。

就飲食的多樣化及精采度而言，台灣不愧是個「寶島」，納百川而成大海，在政府遷台之後，更是如此。

剛光復時，國家多事，民生凋敝，百廢待興，對小老百姓來說，能維持溫飽，已心滿意足。其後，經濟慢慢好轉，生活逐漸改善，各地的風味小吃與本土小吃蔚然並興，旗幟分明，各不乏其愛好者及擁護者。

在此一時期中，外來的口味來自大江南北，鄉情掛帥，連食物中都摻有濃濃且割捨不斷的鄉愁。以台北市為例，專賣各地「土吃」的館子林立，其特色是空間都不甚大，各賣自己當地的小吃，但與家鄉的道地做法，尚能保持某種程度的神似貌似。

像揚州人可以去「銀翼」吃肴肉、乾絲、風雞；無錫人可以去「吃客」嘗嘗鹹豬腳、醉蝦；徐州人可以去「徐州啥鍋」喝糝就著韭菜盒吃；南京人可以去「李嘉興」買鹹水鴨，或到「南京板鴨店」吃鹽水鴨湯麵；湖北人可以到「金殿」吃珍珠丸子、豆絲、豆皮、糯米燒賣和魚雜豆腐等；天津人可以去「懷恩樓」吃貼餑餑熬小魚，或跑到「天津衛」吃罈子肉、窩窩頭與天津熬魚等；山東人可以去「不一樣」，排隊買大饅頭，或去「會賓樓」吃炸醬拉麵、燴烏魚蛋、南煎丸子；北平人可以去「同慶樓」吃燻腸、醬肉燒餅或炸小丸子，或去「朝天鍋」吃耳絲、燜餅及香菜牛肉絲，有時手頭闊綽些，「致美樓」及「真北平」的烤鴨亦有獨到之處，充滿地域色彩；上海人可以去「綠楊村」或「小白屋」吃粗湯麵及小籠包；蘇州人可以去「鶴園」吃醬鴨、醬肉；湖南人可以去「小而大」吃米粉或到「天然臺」吃連鍋羊肉、左宗棠雞、東安雞；山西人可以到「晉記山西餐廳」吃刀削麵、撥魚、貓耳朵；福州人可以去「勝利」吃海鮮米粉、肉燕、魚丸、紅糟鰻，東北人吃得到酸菜白肉鍋、血腸；雲南人吃得到過橋米線、大薄片；廣東人去茶樓叫幾樣點心飲茶，更是家常便飯。信手拈來，屈指難數。

台式小吃則以台南府城為重鎮，妙點紛陳，不勝枚舉。像「再發號」的肉粽，「度小月」的擔仔麵，「赤嵌小吃店」的棺材板，「老牌」的鱔魚意麵，「富盛號」的碗粿，廣安宮前的虱目魚粥，石精臼內的肉燥米糕及滷蛋等，皆能膾炙人口。此外，基隆的廟口亦不遑多讓，頗多精采小吃。

至於客式小吃則多集中於桃、竹、苗及高、屏等客家人集中的地區，闖出名號的有萬巒豬腳、美濃豬腳、陳仙化的肉圓、「日勝飯店」的粄條等。

隨著大環境的改善，人們更有能力滿足五臟廟了，工商發達，酬酢劇增，助長其勢，以致大餐廳、大飯店繼起，吃已經不是去這些地方消費的重點了，擺譜及裝點門面才是時興玩藝。不過，大師傅此時仍健在，調教出來的好徒弟因緣際會，適時大展身手，比方說，江浙菜的唐永昌，湘菜的彭長貴，川菜的魏正軒、張伯良、鄧九良等，皆為各菜肴的龍頭，栽培出的桃李亦多，不僅遍布寶島，很多更赴海外發展，這榮景維持了近三十年之久。

其中，又以新穎、大型的川菜館子最引人注目，每天冠蓋雲集，車馬輻輳，夜夜笙歌，杯觥交錯；喜宴壽酒，更是應接不暇，讓人眼花撩亂。由於競爭激烈，為了拉攏客源，無不使出渾身解數。「粉味」盛行，即是其一，但見公關女經理、主任等，周旋客人之中，划拳喝酒，打情罵俏，不一而足。然而，愈是靠服務、裝潢及「粉味」取勝的，菜肴的質必定下降，花色雖多，但不中吃，其被取代，理所當然。

與川菜鼎足而三的，分別是有「官菜」之稱的江浙菜及被目為「軍菜」的湘菜。由於早期黨、政、司法界的要員中，隸籍江蘇、浙江兩省的人士特多，造就江浙菜在台灣的一枝獨秀，進而獨領風騷，大小餐館雲集，專恃菜肴引人。曾幾何時，台灣的政治環境及人事變化均大，官場的消費能力，已不再具關鍵地位，加上經濟快速發展，出現大批本地的工商新貴，在形勢丕變下，江浙菜淪為次要角色，僅靠小館子及公館菜（曾在大戶人家司廚的婦女所開的家庭式餐廳）撐腰，延續丁點香火，保留一些菜色，難再攀越頂峰。

湘菜由「譚廚」蛻變而來，其能在台灣占一席之地，不得不歸功於陳誠（他為譚延闓女婿）及陳系人馬。在「無湘不成軍」的口號下，軍人而食湘菜，自然視為當然。由於譚廚本身即融浙、粵菜於一爐，獨立性自始就不明顯，難怪軍方不再偏好後，立刻失其傍依，接著又迎合工商人士，改走高檔海鮮圖存，路子愈走愈窄，只好「反攻大陸」，對著彼岸（包括西進大陸和東赴美國）攻堅，搶下據點再說。不過，川菜與湘菜雖已式微，卻成為家常菜的主力，甚至結合成「川湘菜」，盛行於小館間，如麻婆豆腐、左宗棠雞、宮保雞丁、炒羊肚絲、蒜泥白肉、豆瓣鯉魚、乾煸四季豆等，均是大家耳熟能詳的菜式了。

比較起來，北方菜一直未在台灣居於主流地位，固然一因抬不起高價，二因菜肴變化少，對年輕的族群而言，欠缺吸引力，而其最大的衝擊，則是老師傅凋零後，年輕人視白案、紅案為苦差事，往往不願「屈就」，以致除了一些麵點、滷菜、涼拌、熱炒及烤鴨外，已撐不起場面了。

閩菜是台菜的源頭，但價廉費工，完全不符經濟效益，當然難以為繼。而現在的台菜又與傳統的台菜有別，大量融入新花樣，已有自己的面目，但不保證更好吃。

光復初期，最先引進「外省菜」抵台的，乃是陳天來（軍界聞人陳守山的叔公）在台北圓環開的「蓬萊閣酒家」，禮聘曾任孫中山大元帥府的廚師杜子釗掌廚，供應閩、粵、川三省筵席。自大陸易幟後，各省名廚聚寶島，混省菜不再吃香，追隨杜師父的年輕一代廚師因不道地，只能混跡酒家，燒出一種有異傳統的新式「酒家菜」，五、六〇年代，在新北投「觀光」風潮的帶動下，酒家菜從延平北路轉進新北投，延續「台菜」生命。後來的一些台菜餐廳如「欣葉」、「青葉」等，其班底皆淵源於此。

八〇年代中期，港式粵菜登台，它們挾著「海上鮮」的魅力，用高檔價位的燕窩、魚翅、龍蝦及融入西法的烹調手法攻占市場。此時正值股市、房市飆漲，消費能力大大提升，且以追逐高價為能事，在相關飲食媒體的推波助瀾下，高價變成味美的同義詞，品味下降，價格攀升，真是個怪現狀；而一群不懂吃卻又捨得花錢的人，更在俱樂部或美食會的牽引下，紛紛組團猛吃，食林的畸形繁榮，實奠基於此。

另，在西餐方面，更是百花齊放，五彩繽紛。抗戰前，位於台北市民生西路、延平北路口的「波麗露西餐廳」因創業最早，甚為有名。自政府屹立「復興基地」後，大批內地人避禍來台，其中包括不少原先便在上海、北京從事「番菜」的西餐業者和廚師。此輩人士為了謀生，競相在台北重起爐灶，一時之間，上海式西餐壓過日本式西餐，儼然成為台灣西餐的主流派，著名吃西餐的場所中，以「自由之家」、「中國之友社」、「美而廉」、「大華」、「中心」、「羽球館」等最具吸引力。

自六〇年代起，在政局穩定及越戰美軍來台度假等多方面利多的激盪下，刺激台灣西餐廳的空前榮景，除了前面那幾家仍維持超高人氣外，「七七」、「香港」、「金門」、「藍天」等亦加入戰局，極受歡迎。有趣的是，大多數西餐廳叫座的餐全是A餐或B餐，A餐通常比B餐多一道菜，其餘則大同小異。莫看只是個B餐，價格還挺另人心疼哩！

七〇年代之後，西餐脫離常軌，開始與娛樂業結合，表演成為主題，餐飲淪為配角，但因節目精采，仍是貴冑最愛。只是手藝愈來愈差，讓消費者望而卻步。

不過，九〇年代以來，號稱「正統」的歐洲菜開始席捲都會，以義大利、法國菜和德國菜最受歡迎，披薩、義大利麵、焗田螺、鵝肝醬、德國豬腳等食品，姑不論是否道地，樣樣受人歡迎。與此同時，由台灣本土自創的「台塑牛小排」亦風靡一時，非常叫座。

西洋菜固然轟動，東洋菜及南洋菜亦有其市場。只是都很「漢」化，罕襲「正宗」途徑。漢和料理中，「麗都」是有名的老店，至今依然不墜，有其一定市場；南洋菜以泰國菜知名度最高，越南菜、緬甸菜及印尼菜亦有固定的顧客群。總之，外來菜的流行，實拜觀光之賜，讓台灣居民多了一個認識大千世界的窗口。

飲食大勢與天下大勢一樣，分者必合，合者必分。過去在大陸時，各幫菜系壁壘分明，有其獨門絕活。後來因勢利導，竟在寶島共存，各有發展空間。然而，或因原料取得不易，或因不符經濟效益，或因業者求新求變，或因司廚兼容並蓄，在不斷的交流中，地域的色彩日泯，口味遂異中求同，漸有大一統之勢。因顯不出菜肴的特質，只有在場面上動腦筋，常一季或幾個月就轉換一次菜式，迎合顧客的口味。其實，客人吃的是鈔票，並沒有什麼口味。至於變，套句歷史學者兼美食家逯耀東的話：「只是在形式上耍花招，華而不實，中看不中吃，聊無章法可言。」是以人們還是喜歡街坊小館，因它們「不媚、不嬌、不豔，樸實無華，菜式不多，風韻自成」，純以手藝取勝，吸引識味之士。

這場大變局似乎臻於混而為一，搞不清在吃啥！事實上，危機即是轉機，在寶島這個美食大融爐裡，不管是業者還是消費者，大家眼界已開，各種烹調方式，更是取之不盡，用之不竭，形成許多重要的養分，將培育出許多的烹飪高手，在集中國菜之大成後，再合創出璀璨光明的新台菜，自成體系，自樹一格，造就真正的美食天堂，不僅與世界上各國名菜並駕齊驅，更可互爭短長，獨霸全球。

南北食性漸混同

紹興的臭菜中，我領教過臭豆腐乾、臭麵筋、臭千張和臭莧菜杆等數種，雖皆臭不可聞，亦是佐飯妙品。然而，這些比起寧波的臭冬瓜來，只能算是小巫了。

中國人談各地食性時，最常講的一句話，就是「南甜北鹹．東酸西辣」，早在數百年前，這話或許不假，可是到了清朝，已不作如是觀。例如徐河《清稗類鈔．各處食性不同》條下即云：「食品有專嗜者，食性不同，由其食尚也。則北嗜蔥、蒜，滇、黔、湘、蜀嗜辛辣品，粵人嗜淡，蘇人嗜糖，即浙江言之，寧波人嗜腥味，皆海鮮，紹興嗜有惡臭之物。」浙江一省而兼具腥、臭二味，可見專嗜之深。

其實，當下的浙江省寧波市，其味除原始的腥味外，尚有鹹、臭二味，三者各極其盛，除非親歷其境，很難想像其烈。而今上海市的寧波菜館，以「金裕元」最道地，篤守家鄉本色，經數十年而不變。為了警示顧客，其大門口張貼一斗大「鹹」字，告以無膽勿試。但其惡名最昭著的，反而是「臭」氣四溢，並因此三易其址。其臭到底如何？我認為已超越本尊紹興，堪居舉世之冠冕。

紹興的臭菜中，我領教過臭豆腐乾、臭麵筋、臭千張和臭莧菜杆等數種，雖皆臭不可聞，亦是佐飯妙品。然而，這些比起寧波的臭冬瓜來，只能算是小巫，差遠啦！「金裕元」的臭冬瓜，臭得猛，臭得凶，臭得刮刮叫。它置於飯桌上，發出陣陣惡臭，勢如排山倒海，令人難以消受，怪就怪在這兒，夾一小塊就飯吃，居然鮮甜可口，可謂化腐朽為神奇。

北京的「王致和臭豆腐」，其實是指臭豆腐乳，名作家汪曾祺認為以此「就貼餅子，熬一鍋蝦米皮白菜湯，好飯！」我曾用中和「坤昌行」的臭豆腐乳試為之，味果不凡，看來大江南北就臭而言，漸已混同。

從「石家」一窺「彩蝶宴」

「石家飯店」所謂的十大名菜，有三蝦豆腐、白湯鯽魚、醬方、油潑童雞、冰糖甲魚、松鼠鱖魚、鍋巴蝦仁、紅燒塘鱧和生爆鱔片等。「彩蝶宴」或異曲而同工，或名近而實遠，由於精心製作，同樣精采絕倫。

這半個多世紀來，江浙菜一直在台灣的飲食界占有一席之地，早年因黨、政要員以江、浙人居多，故江浙菜一名「官菜」，與號稱「軍菜」的川、湘菜分庭抗禮，互別苗頭。而今川、湘菜日益式微，淪為家常菜的代言人，但江浙菜的聲勢始終不衰，且後勢看俏，這或許可由開了一個半世紀以上的「石家飯店」與開張僅數年的「彩蝶宴」中，瞧出一些端倪，尋出其中脈絡。

家父生於江蘇靖江，該地位於長江邊，先後就讀蘇州中學及無錫教育學院，然後在丹陽、揚州和高郵等地服務過，由於家境富裕，是以名揚大江南北的淮揚菜和蘇錫菜，倒是經常過口。家母雖是台灣嘉義人，卻因緣際會，能燒經典道地的江浙佳餚。我在此一背景下，自然對江浙菜鑽研最深，能道其詳。有段時間，屢在「彩蝶宴」享用珍饌，與江浙菜淵源甚深的沈總經理把盞言歡，從他和何姓大廚這兒，江浙菜居然在台灣的發展及傳承宛然可見，娓娓道來，足為食林生色，增添璀璨篇章。

沈總名文熙，台灣新竹人氏，與永和「上海小館」的馮老闆師出同門，均在上海本幫菜的老店「隆記」學廚。藝滿出師時，先在寧波菜館「天福樓」司廚，接著在「復興園」掌杓。轉往「敘香園」後，則由內而外，變成人見人愛、八面玲瓏的跑堂，搞得外場火紅，車水馬龍。後來則在重起爐灶的「石家飯店」外堂擔綱，客源絡繹不絕。自「石家飯店」與「上海鄉村」合流，另組「上海鄉園」，他便更上層樓，躍居首席經理人，待「鄉園」歇業，落腳「彩蝶宴」，總領內外場。所供應菜色，融合本、外幫，從傳統中鑄新意，走出江浙菜的局限，可謂宜古宜今，顯得落落大方。

就沈氏個人的閱歷而言，「石家飯店」實居關鍵地位，亦是台灣江浙菜重要一支，影響不可不謂深遠。而這「石家飯店」原本坐落蘇州木瀆，起先是個不起眼的小店，只因名人品題，竟然聲聞遐邇，響徹海峽兩岸，不但是個奇緣，而且是個異數。我則機緣湊巧，與沈氏的機遇若合符節，也因而見證了這頁飲食史上的傳奇。

　　創於清光緒年間，原名「敘順樓」的「石家飯店」，一直做些鄉土里味，刀火得法，滋味不俗。沒沒無聞數十年後，竟在一九二九年的秋天，起了絕大波瀾。一日，于右任應李根源先生之邀，泛舟太湖，賞桂歸來，繫舟木瀆，就食「敘順」。右老喝了店家的魚湯後，但覺口齒溢香，微醺而問其名，堂倌用吳語應以「斑肝湯」，籍隸陝西的右老，則聽成秦腔的「䰾」，且將肝誤以為肺，即興賦詩二首，其一為：「老桂花開天下（一作十里）香，看花走遍太湖旁。歸舟木瀆猶堪記，多謝石家䰾肺湯。」其二為：「夜光杯酢鬱金香，冠蓋如雲錦石莊；我愛故鄉風味好，調羹猶憶䰾魚湯。」第一首因魚名及內臟兩誤，自然造成話題，引發一番筆戰，騷動文壇食林。於是這款研發自青樓的「莊戶菜」，遂大享盛名，四方擁至的饕客雅士，無不指名一啖為快，但受季節所限，大多數人怏怏而返。

　　當時「敘順樓」老闆兼主廚的，名石安仁，外號「石和尚」，不僅得到右老題詩，同時獲得東道主李根源（中共十大元帥之首朱德的座師，曾擔任北洋政府的農工總長，一度兼署國務總理，退休致仕後，息隱蘇州，寄情湖光山色間）「䰾肺湯館」的題字，並寫了「石家飯店」這個新招牌。

政府遷台後不到十年，石家的親人即在中華商場「復」業，開了全台第一家「石家飯店」，店面不大，與「隆記」、「趙大有」相當，很不起眼。據說右老為了重溫舊夢，特地跑去捧場，順便品其優劣。等到中華商場拆除，許多飯莊小館，無不星散四方，「石家飯店」亦然，址設西寧南路的「萬年大樓」上，手藝相當不錯，吸引不少饕客。已故的飲食大師唐魯孫，亦曾在此流連。然而，天下無不散的筵席，即使顯赫喧騰一時的「石家飯店」，亦有曲終人散之時。店內名庖有赴美者；有轉聘至其他餐廳者，如張德勝獻藝於「上海極品軒」；亦有在敦化南路新設的「石家飯店」發展者。此一石家亦經營得有聲有色，怎奈時移勢異，終究煙消雲散。最後原班人馬與「上海鄉村餐廳」結合，在石家敦南舊址，成立「上海鄉園」餐廳，也曾締造榮景。我個人食緣甚佳，以上所舉的餐館，非但全部吃過，而且一再光顧。其中，最常造訪者為「極品軒」，迄今嘗了不下六十回，對其拿手菜色，堪稱瞭若指掌，口福著實匪淺。

當年蘇州的「石家飯店」，不論是鲃肺湯與鲃肺羹，鮮美絕倫，均極出色。羹香郁，湯清鮮，各有其美。湯尤知名，費孝通食罷，譽之為「肺腑之味」，並書橫幅，置飯店內。只是斑魚上市的時間甚短，在中秋前後。想一膏饞吻，須及時受用。散文名家余秋雨的老師唐振常，是個懂吃食家，曾與老饕師陀共赴「石家」，結果是隆冬時節，店內無此湯供應，既食之不得，逾四十寒暑，仍未得嘗其味，乃他此生一憾。

另一美食大家逯耀東最後一次去「石家」時，亦因「鲃魚勿當令」，「聽了頗悵然」。看來想吃到鲃肺湯，絕非等閒之事。

我本無緣嘗此一奇味，倒是品過十數次以青魚肝製作成的炒禿肺。這道本幫佳餚，本為上海「老上興」的鎮店名菜，每屆秋冬時節，慕其名品享者，多如過江之鯽。記得在台灣所嘗過，以「極品軒」的老闆陳力榮及之前在「永福樓」的主廚羅正興，所燒出的滋味最佳，質地細膩、滑嫩馨香，頗有可觀之處，但最令我縈懷的，則是香港早年位於灣仔「老正興菜館」製作之炒禿肺，其色淡褐，肥而不膩，加上嫩如豬腦，整塊不碎，其腴鮮異常的賣相，以及入口即化的口感，搭配著青蒜絲同食，簡直是人間美味，好到無以復加，思之即惹饞涎。

巧的是，「彩蝶宴」最早的主廚何忠芳，其綽號一如石安仁，亦是「和尚」，且他與「上海小館」的老闆馮兆霖一樣，皆師承自上海遷台第一代的老師傅，待學成出師，先後在「大吉」、「天吉」、「富貴樓」等地主理，然後與馮走同個路子，翩然赴美，聲揚彼岸。本身擅燒、燉、燜等菜色，對於菜餚的刀功、配料、火候、次序和裝盤等，無一不精到，且能別出心裁，樸華交錯，稱得上是個中高手。

目前「石家飯店」所謂的十大名菜，除　肺湯外，尚有三蝦豆腐、白湯鯽魚、醬方、油潑童雞、冰糖甲魚、松鼠鱖魚、鍋巴蝦仁、紅燒塘鱧和生爆鱔片。咱家在「彩蝶宴」亦品嘗過好些「和（何）尚」親炙的美味，或異曲而同工，或名近而實遠，由於精心製作，自然精采絕倫，搭配的酒又棒，通體舒泰而外，兼且心曠神怡，讓人如沐春風。

炒禿肺和湯卷，均以青魚的肝、腸及肚燒製，味濃醰沉郁，精華內蘊，湯汁鮮醇，堪與鮰肺湯和鮰肺羹爭奇鬥豔。生爆鱔片佐以青、紅椒，乾香中透甘，脆爽有Q勁。又，鍋巴蝦仁一直是蘇菜經典，或因其聲而呼為「平地一聲雷」；或因其色而命名「桃花泛」；或因對日抗戰而戲稱「轟炸東京」；有人更乾脆，就叫它「天下第一菜」，乃一道能充分體現中國菜之色、香、味、形、觸五絕的風味菜。本菜在製作時，通常先將鍋巴炸酥裝盤，再將蝦仁、香菇、洋蔥、青豆、火腿等以雞高湯勾滷煮透，然後澆覆其上，使其吱吱有聲、香霧迷濛。店家則反其道而行，將鍋巴倒扣於滷汁上，一吸足汁液，即裝碗快食，其五顏六色、酥香脆糯及聲情並茂，令人於拍案叫絕外，更添思古之幽情。

其白切嫩仔雞、油淋筍殼魚及蘿蔔絲鯽魚湯，應不遜於「石家飯店」的油潑童雞、紅燒塘鱧和白湯鯽魚，或恐真味清雅，反而引人入勝。松鼠鱖魚號稱「蘇菜之冠」，係由春秋時的古菜「金魚炙」發展而成的。台灣因無鱖魚，多以黃魚入替，向為席上之珍，過去可是一道有名的高檔菜。此菜在製作時，取斤把重的黃魚一尾，抽去其脊骨，把魚扭成麻花形，形狀酷似松鼠，再裹上雞蛋麵糊，下油鍋炸，上桌澆汁時，須吱吱作響如松鼠叫聲，才是道地上品。沈總雖未臨桌澆汁，但其滷汁甜酸適中，而且濃淡適度，進而完全入味，絕非凡品可比。妙的是魚身色澤金黃、魚肉外酥裡鬆，滋味甜中帶酸，已得此菜精髓。難怪乾隆初嘗此菜，驚為人間美味，一直下箸不休。

末了，「彩蝶宴」的冰糖甲魚，倒是與「石家飯店」所烹製的，名實相副。此菜甲魚必不可小，至少得斤把重，且採用濃油赤醬的本幫手法。其絕嫩腴滑的肉質、膠結脂凝的裙邊、醇釅略甘的醬汁，確為頂級珍味及清補聖品。我品享其味，一再咀嚼，驀然發覺木瀆的「石家飯店」和台北的「彩蝶宴」竟能如此契合，於是萬端思緒，一時都上心頭，久久不能自已。

後記

此文撰寫完後，人事業已全非。和馮老闆等人，曾經親赴木瀆，逕奔「石家飯店」，點了十幾個菜，吃得痛快淋漓。只是沈文熙兄，已辭別「彩蝶宴」。此一風雲際會，終成廣陵絕響。

欣試「石家」醬汁肉

紅煨肉的製法，如果只是用鹽，則肉一斤用三錢。同時用酒煨肉，須熬乾其水氣。且不管以甜醬、醬油或鹽燒製，皆須紅如琥珀，不可加糖炒色。

已故食家逯耀東舊地重遊，來到蘇州木瀆，在「石家飯店」用餐，點享其醬汁肉，吃得極滿意，自言：「好看又好吃，確是妙品，下箸不停，吃了不少，臨行太太的叮嚀早已置於腦後了。」每讀至此，饞涎欲滴。既至木瀆石家，當然比照辦理。佳餚羅列於桌上，其中最顯眼的，是那方顫動晶亮的醬汁肉，一望即食指大動矣。

明清時期的官府，在招待賓客時，常用醬方（即醬汁肉）充席上之珍，稱「一品肉」或「醬一品」，其傳統製法，見之於《調鼎集》，名「紅煨肉」，強調「緊火粥，慢火肉」，也就是所謂的「火候足時他自美」。

紅煨肉的製法，非但不拘一格，而且因人而異，是以「或用甜醬可，醬油亦可，或竟不用醬油、甜醬」，如果只是用鹽，則肉一斤用三錢。同時用酒煨肉，須熬乾其水氣。且不管以甜醬、醬油或鹽燒製，皆須紅如琥珀，不可加糖炒色。還須注意的是，早起鍋必色黃，時機剛好則紅，遲起鍋則「紅色變紫色，而精肉轉硬」，真的是過猶不及。另，絕不可多掀蓋，否則會走油，「而味都在油中矣」。至於怎樣才算合格？其妙處在「割肉須方，以爛到不見鋒稜，入口而化」。石家的醬方，顯然已得其個中三味。

其實，醬方即目前台灣江浙館仍盛行的「烤方」。它原名「烤四方」，常搭配刈（割）包而食，以軟糯香滑、肥而不膩、鹹中帶甘、入口即化著稱。「上海極品軒餐廳」的烤方，除用刈包夾食外，亦同菜飯共享，飯馨香而肉泛光，比起「石家」醬方，非但不遜，似乎猶有過之。

從山寨版看古菜

宋代的「假菜」，大致以三種情況進行：其一為用普通的食材，冒充名貴的食材；其次是用無毒的食材，假冒有毒的食材；其三則是以素的食材，頂替葷的食材。

近年來「山寨」之名盛行，各種仿造、變造及冒名真品的產品，全部稱為「山寨版」。它的範圍頗廣，幾乎無所不包，凡名牌服飾、電器用品、手機、珠寶等，皆可見其蹤跡。而中國所製造出來的，更是五花八門，其中有的巧思，甚至超越「本尊」，著實使人驚豔。如果「食」話實說，山寨版的菜色，中國古已有之，而且大大方方，直接說它是「假」，可謂名副其實。

早在宋代時，的確出現不少名為「假」的菜，林林總總，蔚為大觀。而在這些「假」菜中，比較有名的，像孟元老在《東京夢華錄》所記載的「假元魚」、「假河豚」、「假蛤蜊」、「假野狐」等，均是；另，吳自牧的《夢粱錄》亦載有「假炙鱟」、「假炙江瑤肚尖」、「油炸假河豚」、「假團圓燥子」、「假炒肺」等菜色；此外，陳元靚所撰的《事林廣記》內，也有「假大鵬卵」、「假羊眼羹」、「假蛤蜊法」、「假熊掌法」及「假白腰子」等做法。而更誇張的，則是周密於《武林舊事》一書裡寫道：清河郡王張浚進獻宋高宗的御筵中，也明明白白的記下「鱘魚假蛤蜊」、「假公權炸肚」、「薑醋假公權」、「豬肚假江瑤」等佳餚，其公開且不避諱的程度，簡直讓人匪夷所思。

按理來說，酒店和餐館公然造假的行徑，應該法所難容。然而，它們非但不加以隱藏，反而以此大事宣傳，並且廣為招徠，再藉由權貴之家，堂而皇之的進入「御筵」之中，真個是食林異數。放眼中外，絕無僅有。不過，如果我們換個角度思考，或許可以將此一離奇的現象，解釋得通。

經我個人稍做分析後，發現宋代的「假菜」，大致上，是用以下三種情況進行：其一為用普通的食材，冒充名貴的食材；其次是用無毒的食材，假冒有毒的食材；其三則是以素的食材，頂替葷的食材。而它之所以盛行於世，可能得從餐館的規模、貨源的情況及顧客的心理等層面來探討。在這些條件及時空背景下，執事者綜合交錯考慮，自然會衍生出特定的經營招數或模式。比方說，河豚之味極鮮、肉亦脆美、但有劇毒，一般人不敢染指。加上首都所在地汴京，不易獲致新鮮河豚，即使有本領的，可以獲此「奇珍」，一般的餐館也未必會烹調，更甭指望吃了安心。於是店家順應情勢，出售「油炸假河豚」，既滿足了顧客的好奇心理，也省得招惹不必要的麻煩。如此一來，豈不兩全其美？

由於事先已聲明所提供的是「假菜」，自然無可厚非。較令我好奇的，反而是其製作水平。各位看倌只要一讀《事林廣記》所記載的「假羊眼羹」和「假大鵬卵」，從這兩道古菜，或可觀其一二。

假羊眼羹：羊白腸一條，清洗。用大螺煮熟，挑出，取螺頭。以綠豆粉、水調稀拌和螺頭，灌羊白腸內。緊繫兩頭，熟煮。取出，放冷。薄切，作羹。儼然羊眼無辨也。

假大鵬卵：「豬胞（即膀胱，一稱小肚）、羊胞各一個，研（磨細）令潔，度其大小，打雞、鴨子（蛋），清（白）、黃分兩處。先將清灌豬胞內，卻灌黃於羊胞，令當中心，繫緊、熟煮。取出，放冷……」食時切片，「如雞子，黃白分明。澆椒、鹽、醋吃。」

觀乎前者，「羊眼羹」是唐宋時的名菜，據說食畢可明目或治眼疾，效果顯著。

只是羊眼甚難羅致，各飯館、酒店無法及時供應。於是絞盡腦汁，創製此一構思巧妙的「假羊眼羹」，居然把圓圓的螺片嵌在羊白腸內，薄切以後，一圈白眼眶中一團黑，其狀竟「儼然羊眼」，使人真偽莫辨，這種以假亂真的手法，可謂巧奪天工，進而出神入化了。

後者則別出心裁，將人們從未見過的「大鵬卵」，換個花樣呈現，不僅製作上有借鑑處，而且設想奇妙，難怪值得大書特書。

此外，素食在中國肴點史上，始終占有一席之地，而素菜用葷食的手法呈現，曾居主流地位。其中，上海「功德林蔬食處」的素席，一向眾口交譽，且以此名的素食館，亦在台北、香港兩地走紅。我年方十歲時，適逢祖父百歲冥誕，依家鄉的禮俗，過完百歲誕辰，正式成為祖先，三節及中元節，改在家中祭祀。憶及當時在台北的「善導寺」舉辦法會，禮成便在附近的「功德林」用晚膳，席開三桌，珍錯雜陳，全部葷菜素做。由於是初體驗，印象極為深刻，至今已歷四十餘寒暑，其中種種，一直未忘。

而在上海「功德林蔬食處」主持廚政達三十年之久的姚志行，堪稱葷菜素做此一手法，在近、現代的個中翹楚。

姚志行為浙江省慈溪縣人。十五歲進上海「慈林素菜館」當學徒，半年後，轉往

「功德林蔬食處」拜唐庸慶為師，習得驚人藝業。他嫻於製作以豆腐、粉皮、麵筋、烤麩、素雞為食材的菜肴，且能兼容並蓄，巧妙地將各地風味菜肴的特色運用到素菜之中，擴展素菜領域，道道幾可亂真，博得「素菜第一把手」的美稱。他所創製的「素炒蟹粉」，竟用馬鈴薯、紅蘿蔔、香菇條分別替代蟹肉、蟹黃、蟹爪，再拌以薑末製成，姑不說其形態逼真，其吃口細膩而鮮，更顯出他卓犖不凡的本事。而且他用綠豆粉製成的魚丸，雪白鮮嫩，滋味極佳，直追真品。他如走油肉、炒素鱔糊、糖醋排骨、醋黃魚等，亦無一不佳妙。除此之外，他還以西法入素饌，像奶油蘆筍、吉利板魚等，滋鮮味美，維妙維肖，招致各方好評，難怪風行一時，現已成為典範。

時至今日，最常見的「假菜」，反而是以劣等食材假冒真品，藉以牟取暴利，或者素料葷名，摻雜大量色素，甚至用合成品，不知是何居心？前者如假鮑魚、假魚翅、假海參等紛紛出籠，欺騙消費者，大賺黑心錢，應繩之以法；關於後者，一桌素席中，但見紅燜肉、糖醋魚、糖醋排骨、魚丸湯、醋溜魚片等充斥其間，味道頗不協調，甚至全不搭調，如此魚目混珠，即使形態逼真，茹素者無不攢眉，避之唯恐不及。此種假法，讓人大嘆不知今夕何夕。

總而言之，由菜觀察，人心不「古」，「假」冒橫行，全無章法，應是定評。

孔府新饌現食林

由於秦始皇焚書坑儒，孔府之人莫不恨之入骨，燒秦皇魚骨這道菜，便是此一情結下的產物。製作此菜，先炸再蒸，沃以澆汁，以色紅亮、肉質嫩、魚骨柔中帶脆著稱。

滋味不凡、風格突出的孔府菜，因其有製作精細、注重營養、豪華奢侈、講究禮儀等特點，故長久以來，始終是清朝官府菜的首席代表，叱吒食林，莫與爭鋒。然而，曾一度鷹揚食壇的它，自向下沉淪後，縱力圖復古，唯抱殘守缺，仍不脫油膩厚味，已難為當代人們所認同，於是有志者繼往開來，標新立異，製作出一些師其意而不泥古的「新孔府菜」。其中，又以「天罏」所燒製者最精，別開生面，滋味絕佳，而且清爽健康，甚能符合當下飲食重視食療養生及創意立新的訴求。

話說號稱「天下第一家」的孔府，位於山東省曲阜縣，所居住者，為中國至聖先師孔子的後裔，傳承迄今已七十八代，歷經二千五百多年。自漢高祖劉邦親祀孔子、漢武帝獨尊儒術後，儒家取得學術上的正統地位，至宋代封其後裔嫡系為「衍聖公」，明代世襲「當朝一品」官銜，遂一直沿襲不替。於是孔府又稱「衍聖公府」，其府裡的菜，歷經千百年的發展及演變，成為典型的官府菜，特稱其為「孔府菜」。由於其自古即聲譽遠播，故而今遊曲阜時，乘馬車逛孔林及品嘗孔府菜，仍是最為遊客所津津樂道的盛事。

可惜的是，目前推出的孔府菜已非原貌。主因不外第七十七代衍聖公孔德成於民國三十六年離開孔府、隨著中央政府遷台寓居台北後，廚房停炊，廚師星散。直到二十世紀七〇年代後期，齊魯的烹飪研究者開始挖掘此一文化遺產，並找來原孔府的老廚師葛守田等一同「復古」，十年之後，先後在山東濟南及北京開辦「孔膳堂飯」，正式對外經營孔府菜。由此觀之，大陸當今火紅的孔府菜，即令努力求全周備，依舊原地打轉，無法與時俱進，尚存一些開發和成長空間，留待有心人士發揚光大。

一般而言，以往孔府的家常菜，全由內廚負責烹製；其餘各種宴請活動，則由外廚負責打理。主其事者都是專業廚師，技藝高超，有的還是世襲，父死子繼。至於烹飪食材，無論蔬菜或肉、禽、魚、蛋等，均以鮮品為之，且都由專門役戶提供，故可選料精而廣，技法多而巧，更以富營養、重時鮮、風味永、搭配調劑得宜、講究排場禮儀、奇饌佳肴充斥而著譽食林。得食之人，每引以為莫大口福。

孔府內的筵席，乃孔府菜的極致，豐富多采，選料廣泛，技法全面。其日常筵席有家宴、喜宴、壽宴、便宴、如意席之分；款待大小不同的滿漢官員，則有滿漢席、全羊席、燕菜席、魚翅席、海參席及九大件席、四大件席、三大件席、二大件席、十大碗、四盤六碗之別。而且這些筵席全按四四制排定，此由燕菜席的規格：四乾果、四鮮果、四占果、四蜜果、四錢果、四大拼盤、四大件、八行件、四點心、四博古壓桌、飯後四炒菜、四小菜、四麵食，即可見其一斑了。又，孔府筵席中最豪華者，乃接待帝后的「滿漢席」。曲阜孔府至今仍保有一套清代製作的銀質滿漢席餐具，計有四百零四件，可上一百九十六道菜。華貴堂皇，當世無雙。

而在孔府的高檔筵席中，為襯托主人當朝一品的身分地位，常以一品命名菜肴，如：燕菜一品鍋、一品海參、一品豆腐等是。此外，尚有寓意深刻的名貴菜肴，如：一卵孵雙鳳、八仙過海鬧羅漢、玉帶蝦仁、燒秦皇魚骨、神仙鴨子、御筆猴頭、帶子上朝、懷抱鯉等，道道有典故，個個有名堂，大大豐富了中國飲食文化的內涵。

「天䥴」一夙以超時空烹飪法自許，窯（即敦，以陶土製作，造型古樸典雅）烤之棒，笑傲食林。此次因機緣湊巧，逕向孔府菜叩關。以一卵孵雙鳳為主軸，搭配偷龍轉鳳的燒秦皇魚骨、精緻的冰糖肘子及雀舌肉丁、烤牌子、四喜丸子、碧桃雞丁、蓮子綠豆湯等，組成新穎別致的另類孔府菜，妙味紛呈，堪稱別開生面的力作。

一卵孵雙鳳這道菜，發生於清中葉第七十五代衍聖公孔祥珂之時。他老人家精於飲饌，特愛吃雞，每天無雞不歡。當時孔府的首席廚師為張兆增，燒得一手好菜，由於事廚多年，早已摸清主人的脾性，煎煮烤炸，無不合度。一個夏日午後，孔老燠熱難當，於是吩咐廚房，雞要燒得軟爛，還要帶點清氣。既然主人撂下話來，大廚只有全力以赴，想個好菜度過難關。當他出外「辦事」，望見賣瓜小販，堆疊西瓜叫賣，突然靈機一動，買回兩只西瓜。先將一個去蒂切蓋挖瓤，塞入兩隻雛雞，再把瓜蓋覆上，蒸至熟透後，掀蓋品其味，清香帶腴嫩，味道挺不錯。但他不以此自滿，泡製另一個瓜時，裡面加了干貝、鮑魚、開洋等海味，將味道提升至更深奧的層次。孔祥珂食罷，頓感甘爽無比，不覺大樂，便詢此菜何名？張不假思索，回說：「西瓜雞。」孔祥珂聽後，很不以為然，乃乘興賦名，並仔細揣摩，在西瓜內塞二雞，好似鳳居卵巢中，不啻一卵孵雙鳳，就以此命名。這菜從此成為孔府夏日佳肴，當慈禧太后六十大壽，孔府進兩席壽宴給老佛爺品嘗時，此菜即為其一。

「天鑼」製作這道超級大菜時，為符合現代飲食趨勢，選中型西瓜（曾用過小玉、金蘭等品種，一共試了九次才成功），內塞一隻斤把重的放山雞及三個干貝、六片火腿、一隻烏參。置於敦內，以炭火（只能用文火）烤六個小時。端上桌後，但見翠玉西瓜綠紅分明，色呈黃明的雞隻放在正中，色澤調和，賞心悅目。先飲其湯，甘鮮馥郁，濃勝雞精，絕不腥膩；次嘗雞肉，體完形美，腴嫩細潤，入口即化。烹製著實精采，讓人一新耳目。

由於秦始皇焚書坑儒，孔府之人莫不恨之入骨，燒秦皇魚骨這道菜，便是此一情結下的產物。相傳此菜成於明孝宗弘治年間，當時孔府在重修孔廟，另於「詩禮堂」後闢建「魯壁」。魯壁告成之日，孔府大宴賓客，有一廚師用鱖魚和鱘魚骨合燒了一道菜，獻給衍聖公享用，並謂此菜之名為「燒秦皇魚骨」。衍聖公大樂，即厚予賞賜，此菜遂流傳下來，成為孔府名菜之一。

製作此菜，先炸再蒸，沃以澆汁，以色紅亮、肉質嫩、魚骨柔中帶脆著稱。我個人覺得燒秦始皇之骨固然痛快，總不如燒他的頭來得過癮。因而店家不用台灣得之不易的鱖魚，改以飽含膠質的鮭魚頭來燒烤，頗能得其「真趣」，一再玩味其中，可謂深得我心。「天鑊」的窯烤半首鮭確為罕見妙品，用敦以小炭火燒烤三、四時後，再剞成棋盤塊供食。嚼在嘴裡，始而脆，繼而糯，終而化，而且全頭可食，大有把秦始皇「粉身碎骨」的快感。我想衍聖公們若有幸嘗此一超時空美味，其咬牙切齒、深得我心，且痛快淋漓之情，鐵定凌駕燒秦皇魚骨之上。

雀舌肉丁的靈感來自茶燒肉。以茶入饌，孔府行之久遠，其菜品尚有茶燒雞、茶干炒芹芽等。按：雀舌與麥顆，乃至嫩芽茶之別名。「其細如針，唯芽長為上品」，因其清美異常，價格自然不菲。可是用它燒菜，總嫌濃郁不足。是以孔府早年都用香片入菜，藉以加強香氣。不過改良後的孔府菜，選用大方茶葉燒燜五花肉丁，雖然肉香、茶香融於一肴，但覺「平民化」了些，難登大雅大堂。「天鑸」則異於是，以頂級烏龍茶之芽燒燜裡脊肉，色澤醬紅光亮，清爽軟嫩不膩，食之雋美利口。如與料理手法類似、但以快炒成菜的碧桃雞丁，一起充開胃菜或侑酒佳餚，應是甚為理想的組合。

至於窯烤的烤牌子（類似紫酥肉，蘸甜麵醬伴青蔥而食）、香燜紅蘋肘（乃孔府日常菜肴冰糖肘子的現代版極品）等，皆有可觀之處。末了，再搭配店家的超人氣料理醋溜高麗菜及添加梅乾的綠豆蓮子湯受用，食之清洌甘爽，其味綿延不盡，頗能去膩生津。

在此須聲明的是：在神州大陸，以「孔府」命名的酒不少，像孔府家酒、孔府宴酒、孔府老窖等均是。我每種都喝過好幾回，不是香濃過甚，就是醇厚過度，實與這款嶄新的孔府菜不太協調，幸好「天鑸」有自釀的梅香配製酒「珍釀」可資佐飲，其沉郁蘊藉、入喉怡暢的風味，和「天鑸孔府菜」兩相激盪後，彷彿注入一泓清泉，足為食林增色，諸君一試便知。

孔府盛饌一品鍋

乾隆年間，皇帝賞賜孔府一套餐具，全名為「滿漢宴銀質點銅錫水火餐具」，「一品鍋」是當中最大的一件。這件器皿呈四瓣桃圓形，蓋柄下刻「當朝一品」四字，因以得名。

一品鍋為山東孔府的首席名菜，又稱孔府一品鍋，據說由乾隆皇帝賜名，是一道用海參和魚肚等烹製而成的上饌。

清襲明制，官銜仍分一品到九品，以一品的為最高，九品的最低。孔子後裔受封為「衍聖公」，官居一品，乃最高階。乾隆年間，皇帝賞賜孔府一套餐具，全名為

「滿漢宴銀質點銅錫水火餐具」，全套計四百餘件，「一品鍋」就是當中最大的一件。

這件器皿呈四瓣桃圓形，蓋柄下刻「當朝一品」四字，因以得名。孔府的家廚於是用豬蹄、雞、鴨、海參、魚肚等各種食材烹製成菜；其後，又在食材上陸續增加，更為精細考究，據云其材料竟達二十種，誠為洋洋大觀，更勝過「佛跳牆」。此外，古今冠上「一品」的菜餚頗多，但孔府的一品鍋，無疑是其中最上乘的美饌。

孔府一品鍋最早的製法為：先將海參片成抹（即斜）刀片、魚肚切厚片、玉蘭片切薄片；接著豌豆苗在汆燙後，撈出用冷水過涼；魷魚卷亦用鮮湯汆過備用；一品鍋內則用粉絲、白菜墩、白煮山藥放入墊底，隨即把白煮肘子、白煮雞、白煮鴨置在上面。最後再將海參、魚肚、魷魚卷、玉蘭片、荷包蛋等在間隔處擺成一定的圖案，添雞湯、紹酒、精鹽，上籠以大火蒸一個時辰取出，配上豌豆苗上席即成。以成菜湯汁濃鮮，用料珍貴，風味各異著稱。

此菜揚名後，各官府莫不依式製作，歷代相傳，直到政府遷台前，山東、江蘇、上海等地的一些高級餐廳，仍繼續供應，只是有的還叫一品鍋，有的則稱什景火鍋。

其實自一品鍋成名後，尚有些餐館因其口采好且製作易，便競相仿效，早已亂成一團。像清末成書的《老殘遊記》中，即有關於一品鍋的敘述：「我那裡雖然有人送了個一品鍋，幾個碟子，恐怕不中吃。」可見當時的一品鍋，好些已非食物多樣，用料珍貴、湯汁濃腴、味極鮮美，而是取材不廣、製作不精，這等虛有其名的，看來只能權充個場面，混飽一餐尚可，但上不了檯面，難中食家意的。

而江南的什景火鍋，舊稱煖鍋，銅製，中心可燃炙炭，尤宜寒流來時受用。其製法，依《武進食單》的講法：「事前先將大白菜心洗淨，切段，鋪入火鍋底，然後將海參、火腿片、肉圓、魚圓、筍片、凍豆腐或老豆腐、豆炙餅、蛋餃等多種材料，一齊放入，加水、鹽、豬油，煮數沸，少時再加入菠菜、粉絲及已經浸過酒之青魚片（魚片易碎，故宜最後加入），俟再沸即可取食。」享用之際，另以小碟盛醬油供蘸食用。看來這個火鍋，食材雖繁，但多家常，此在重著養生的今日，似乎更加健康，能常享而不虞「補」過頭，多吃它個幾口又何妨？

標新立異儒家菜

目前所研發的十五道餚點，道道有其來歷，絕非憑空杜撰。例如來自東周時代的釁鐘大牛、告朔餼羊、陽貨饋豚、關市之雞、欺君子魚及聖賢禮魚等……

民國一百年時，在台北市觀光傳播局的大力推動下，「台北儒家菜」如火如荼地展開，非但滾燙上桌，而且遍地開花，搞得沸沸揚揚，可謂極一時之盛。然而，這套菜到底是啥？引發了不少回響，令好奇者亟欲一探究竟。

所謂「儒家菜」，就是以供奉在孔廟大成殿的先聖先賢及先儒為對象，將他們當時所吃的食材及餚點，設計成一套可眾人同享的筵席菜，亦可個人獨享的家常飯；它既能很精細、挺高檔，更能普及化、隨時吃。講白一點，就是每道餚點都有個故事，有其文化意涵，在津津有味之餘，道出個所以然來。

目前所研發的十五道餚點，道道有其來歷，絕非憑空杜撰。例如來自東周時代的釁鐘大牛、告朔餼羊、陽貨饋豚、闞市之雞、欺君子魚及聖賢禮魚等，皆是大家常享的食材，其料理則千變萬化，不僅可大可久，同時中外無別，有吃無類，不拘一格，實為食林注入一泓清流，在吃得飽之後，也可吃得好、吃得巧，吃得興味盎然，將吃提升到更深層次，終至「我吃，故我在」?!無入而不自得。

而今以官府菜為主體的「孔府菜」，在山東曲阜大行其道，吸引不少遊客，只是囿於格局，畢竟影響有限。儒家菜則不然，深入各個階層，範圍不限中西，發揮儒家精蘊，吃得瀟灑自然。相信在不久的將來，儒家菜將標新樹一幟，立異誠為高，既為食林生色，又為台北是否成為美食之都畫龍點睛。

茶樓對聯見真章

「淺酌低斟，老友共研生產術；佳肴美酒，高朋細論發財經。」於「民以食為天」外，論「財為養命之源」，是一幅歷久彌新的浮世繪。

早年對聯盛行時，不拘各行各業，都會張貼對聯，一時蔚成風氣，飲食業自不例外，凡是酒肆茶樓，無不懸掛對聯，其中不乏妙絕之作。以下這兩副茶樓對聯，或從小我出發，反映現實生活，或從大我入手，抒發店家心聲。細讀慢品，別有一番滋味。

第一副出自廣東省南海縣大瀝的「雄邊茶樓」，由一位年逾耳順的老農曹英所撰，聯云——

淺酌低斟，老友共研生產術；
佳肴美酒，高朋細論發財經。

文字淺顯易懂，意思明白不過，於「民以食為天」外，論「財為養命之源」，真是一幅歷久彌新的浮世繪。

第二副更有意思，居然是個合成聯，縱橫百年之久，嵌字環環相扣，加上寓意深刻，讀來興味盎然。

原來廣州開設於前清光緒年間的「惠如酒樓」，在二十世紀九〇年代全面裝修，重新開業。在裝修的過程中，發現一塊已歷一個世紀，雕鑿精美，長約三米，朱漆墨字的上聯，上書「惠己惠人，素持公道」，字跡遒勁雄渾，望之古意森森。但是下聯卻遍尋不著。據一些老茶客的回憶，這副對聯只在喜慶節日才懸掛，下聯到底為何，早已記不得了，為了讓百年古聯重現光彩，店家決定廣徵下聯，消息既經披露，立刻群起響應，各地應徵稿件，竟如雪片飛來，超過百件之多。

茶樓主事者鄭重其事，邀請省市詩書畫名家陳蘆荻、陳殘雲、劉逸生等組成的評委會認真篩選，初定是電器工業公司張某的來稿入選，其辭為：「如親如故，常暖人心」。後經評委會修改為：「如親如故，常暖客情」。經這麼一更動，主客間的互動，頓時活絡起來。而且它和百年古聯相襯，益發對仗工整，韻味因而悠長，既有舊時痕跡，又蘊時代風采，並巧妙嵌入了「惠如」二字，可謂珠聯璧合，確切映照茶樓風貌，不愧神來之筆。

新聯已成，繼而撰寫，店家不惜重資，特請名書家陳雨田書寫，鐫刻在玻璃鋼製成的聯板上，懸掛於茶樓前，墨底金字，筆勢遒勁，為名樓增色不少。而百年古聯重擇「佳偶」，實為食林盛事，一時成為茶客們的美談。

由上觀之，古意寓新點子，才能製造話題，符合行銷概念，進而開拓商機。不過，我個人在意的，反而是對聯的內容。試想當下謀利，往往不擇手段，顧客當成肥羊，媒體經常報導，可見人心不古。因此，公道賺錢，人己互惠，待客親切，主顧窩心，不正是炎夏的一帖清涼散，化紛爭為財源的無上妙方嗎？

五廚佳餚饗名士

水鋪牛肉、一品西施舌湯、鹹魚肉餅、蟹黃刺參、琵琶豆腐、蔥油八角蟹、三籠鱈魚蒸餃、芝麻餅……

誠如大聲公陸鏗先生所說的，這是一個別開生面而又精采絕倫的餐會，平生難得一遇。

藝壇大老張佛千善寫對子，曾給「奇庖」張北和寫了一副，鑲在其店門口。聯云：「將軍聞香先下馬；金廚手藝勝京廚。」（張北和過去在七十二、七十三、七十六及七十八年獲全國烹飪比賽職業組金廚獎。）他們彼此交厚，早年並常和高陽、唐魯孫、夏元瑜等名士聚在一塊兒把酒言歡。只是佛老不良於行，平日深居簡出，但他對張北和親炙的美味，一直難以忘懷。又聽得張氏提起，謂經十二年的努力後，終於探索出已故國畫大師張大千家中失傳絕藝「水鋪牛肉」的精髓，更是心癢難騷，真想一嘗為快。

張北和性情磊蕩，很講義氣，為了成全老友的心願，又想讓筆者得睹佛老的芝顏，乃請我情商於陳力榮，打算在「上海極品軒餐廳」設宴，將親鋪幾塊上好牛肉，懇請佛老試試，看看是否得摩耶精舍的滋味？力榮亦是性情中人，手底下有些功夫。聞狀便說既然張先生有此心意，那他和餐廳裡的大廚也一起獻藝，增添些用餐氣氛。我自然樂觀其成，遂有此一文人雅集。其好菜之紛陳，尤令人驚豔不已，好生難忘。

當天與會者除張佛千外，另有陸鏗夫婦（其夫人是大名鼎鼎的江南遺孀崔蓉芝）、逯耀東夫婦、劉紹唐、袁睽九（筆名應未遲）、《光華雜誌》的薛少奇及主編王瑩、葉子明、陳力榮夫婦及筆者夫婦等二十人。大家齊聚一堂，共坐一大圓桌，氣氛相當熱烈，真是歡樂無限。

首先上的即是水鋪牛肉，為能有效掌握其火候及口感，張北和就在餐桌旁用瓦斯爐現鋪旋撈。第一大盤上菜，馬上一掃而光，大夥兒對其色白如雪的美感，以及清爽柔潤的口感，忍不住大聲叫好。有的人還不相信這是牛肉哩！當陸鏗得知這是用牛的肩胛肉鋪成，訝異不置，誇讚連連。

在吃罷原味的水鋪牛肉後，接著再上一大盤同樣的，方便大家嘗另類滋味，即既可與漬薑絲一起送口，亦可只蘸胡椒粉而食。這漬薑絲與胡椒粉皆由張北和自製自研，搭配滑嫩的牛肉，果然各自呈現出獨有的風味。最後嘗的則是麻辣的口味，重麻微辣，適口充腸。接連三道下來，已勾起了大家的食欲，啟動了所有的味蕾。有人不禁慨嘆的說，牛肉能做到如此，不愧是大師絕活。

張北和隨後上的是「一品西施舌湯」，此菜係將西施舌去殼起肉，放入全雞、去骨的虱目魚腹及綠竹筍所熬的高湯中，稍汆即成。脆爽甘腴，幾乎每一樣都鮮到極點。只可惜西施舌肉乃張北和自台中搭飛機帶來，因時間太久而稍微失鮮，不然就更臻完美了。我連盡數塊魚肚，此魚腴滑鮮嫩，入口立化，吃得過癮之至。張北和在做完這幾道後，就欣然入席，轉由陳力榮接棒。

力榮早就躍躍欲試，為了不讓張北和專美於前，亦在席邊露了一手甜豆炒蘆蝦仁。這河蝦購自東門市場，價錢昂貴，可謂不惜工本。其肉嫩且細，而且通體透明，在清炒之後，曲蜷成環，晶瑩剔透，與甜豆仁白碧相間，分外好看。而吃在嘴裡，腴潤爽嫩，尤其可口。力榮在眾人的喝采聲中，含笑而退。隨後侍者將他事先燒好的寧波家鄉菜黃豆圓蹄、蔥烤鯽魚等奉上，續讓坐中客嘗嘗他的手藝。這時候，逯耀東、葉子明和筆者三人，已乾掉了一瓶出自宜賓五糧液酒廠的尖莊麴酒，美酒佳肴相得益彰，實在痛快無比。

餐廳的主廚依序上陣，分別是原「僑福樓」的范添美師傅及來自「石家飯店」的張德勝師傅。他們打頭陣的菜為鹹魚肉餅，此肉餅內有筍、蝦，滋味不鹹不膩，吃來鮮清香美，逯師母很滿意，博得個好采頭。然後則是精采別致的蟹黃刺參、外觀亮麗的琵琶豆腐及型美夠味的煙燻鯧魚。這幾道大菜一上，肚量小的已覺撐了，個個停箸不進，殊不知還有好菜在後頭哩！

終結的這道菜是蔥油八角蟹，每人嘗個半隻。八角蟹即旭蟹，正值其產季，雖不是挺大，但細白肉嫩，鮮美得很，再加上青蔥襯托著紅豔的外殼，格外耀眼醒目。我見好些人在酒足飯飽後，仍努力啃著吃，其誘人可見一斑。

陳太太顯然不願在盛筵中留白，親手做的三籠鱈魚蒸餃，便在此時登席薦餐。其餡除龍魚肉外，亦摻些芹菜末，並用點胡椒粉提味，底襯翠綠荷葉，隻隻雪白俏麗，香泛馥凝，光看其外表，就足以讓人垂涎欲滴啦！可見老闆娘為了一秀身手，委實費了不少心思。同時上的另有紫米百合羹，馨逸浥潤，紫白溶漿，細細品嘗，沁人心脾。

轉眼已近尾聲，力榮不甘寂寞，再命人端上新近在上海習得改烙為先蒸後炸的芝麻餅，此餅圓厚，色澤金黃，鋪滿芝麻，蔥椒為餡，嚼來噴香，很有吃頭。在合桌人的讚歎下，終於為這次的餐會劃下一個完美的句點。

吃罷，少不得交換名片，互道久仰。大家沉浸在歡樂的氣氛中，經久不散。我以能參與此會而高興萬分，特地撰寫此文，記下當日盛況，留作美好回憶。現在回想起來，即使事隔多年，一切歷歷在目，真是特別盛筵，讓人一食難忘。

歡然欣會「天然臺」

五道先發熱炒，無一不是精品：三杯魚唇、左宗棠雞、芥末鮮鮑、炸鹹豬肉及烤青紅椒。大菜則有：一品刺參、富貴雞、上湯魚生……

十餘年前，我們這一美食會的「精神領袖」逯耀東教授，因為「領導」翁雲霞出了本《到外面吃》；成員之一的李崗也以《下廚真好》問世；筆者則生個犬子，白胖可愛；三喜臨門，好不熱鬧。乃請全體會員一塊兒在「天然臺湘菜餐廳」小聚。全員都到齊，坐滿一大桌；美食佳釀爭輝，果然是個盛會。

逯教授當年在台大歷史系開「中國飲食史」這門課時，聽者如堵，萬頭鑽動，而且旁聽的，竟比選修的還多得多）。為了學以致用，知行合一，他曾數度帶有興趣的學生去「天然臺」吃些道地的古早菜；學生們莫不吃得津津有味，深感受益良多。只因逯教授堅持自掏腰包，以後就沒人肯老著臉皮打抽豐了。如今風水輪流轉，換人不換地，我們這些會員們何其有幸，竟能獲此殊榮。所以，一接到翁領導的通知後，個個歡欣鼓舞，準備好好品嘗，順便長長見識。

「天然臺」是家近半世紀的老餐廳了，曾經冠蓋雲集，譽滿京華。我於四十餘年前，才得初嘗其味。當時祖母陳太孺人已逾古稀，每年的暖壽，伯父均會叫館子到府外燴；到了生日那天，則赴大餐館慶祝，弄得熱熱鬧鬧，藉博老人家一燦。由於往年外燴叫慣了江浙菜，有一次，伯父突發奇想，改叫湘菜，請的便是「天然臺」。時讀高中的我，即對左宗棠雞、蜜汁火腿、炒羊肚絲、連鍋羊肉及荸薺餅等，留下極深刻的印象。

開始上班後，因地利之便，仍常到這兒小吃。像左宗棠雞、蒜苗臘肉、炒羊肚絲、苦瓜肥腸、東安雞、清紅椒、捲魚球與湘式銀絲卷等家常菜式，便經常點享。口味道地，經濟實惠，非常受用。過了幾年光景，僅左宗棠雞還有舊時味，其餘則無下筯處，遂對其瀟湘菜色徹底失望，已記不清多久沒光顧了。這回逯教授親自出馬，菜肴必然不同凡響。我的心思不禁又回到了從前，遙想當年初見「新大陸」的喜悅之情。為使大家吃得更加盡興，乃攜一瓶珍藏九年的雙溝大麴助陣。

待大家坐定後，好菜隨即登場；五道先發熱炒，無一不是精品。這五中碗分別是三杯魚唇、左宗棠雞、芥末鮮鮑、炸鹹豬肉及烤青紅椒。

魚唇用三杯來做，我倒是頭一次吃。手法出自江西，糅合客家食材（九層塔），魚唇爽滑脆腴，口感出奇的好，眾人無不「盤饌已無還去探」，吃得十分痛快。左宗棠雞一味，乃董事長（少東）親炙，全用雞腿精肉，重油厚味，皮Q肉滑，平生所食，以此為最。另，罐裝鮮鮑切片鋪在西生菜上，形如小圓山丘，澆裹芥末調汁，鮮嫩中帶Q，香腴中有勁，還真不是蓋的。蒸臘肉合為湘菜正宗，用臘豬耳、豬舌及舌邊肉和以辣子，略加甜酒釀汁蒸之，味醇肉腴，耐人尋味。一併而上的炸鹹豬肉，肉皆三層相間，且片片帶軟骨；肥肉不膩，瘦肉不柴，皮盡酥脆，夾蒜絲吃，妙不可言。最後才上的，則是烤青紅椒，係以文火煨熇而成，質爛味濃，入口軟綿。吃完這五中碗，肚量不大的人，已可看出飽態。

打頭陣的大菜是一品刺參。海參出自遼東，在用心發好後，從正中央劃開，嵌入鮮肉、香菇、荸薺製成的餡，再紅煨即成。軟腴爛透，滑中帶爽，味極醇美。在眾人的讚歎聲中，栗子甲魚已端上桌來，這道菜在好幾十年前，曾風行於寶島各餐館，在沉寂好一陣子之後，大陸馬家軍又掀起了熱潮，一度走俏兩岸。結果因發現南台灣養殖的鱉，帶有霍亂弧菌而行情下跌。老闆特地挑揀一隻肥碩的，以栗子紅燒，鱉裙腴滑，鱉肉細嫩，栗子酥糯，湯汁濃醰，還真好吃。我覷準了鱉裙，接連兩塊落肚，其味美極，過癮得很。這時候，又乾了幾杯被陳毅譽為「不愧天下第一流」的雙溝大麴，更有添香回味之妙。

接著是江南才子錢謙益與秦淮名妓柳如是的定情珍饈「叫花雞」。這本是常熟名菜，因名字太寒傖，口采不登大雅，館子泰半改稱「富貴雞」。選的可是烏骨土雞，腹肉填滿各料，灑上破布子，先取玻璃紙包好，再裹以荷葉，用泥封好，然後烘透。吃前敲碎封泥，原隻托盤呈現，汁收味足，誘人饞涎，實不遜於江浙館子所燒製的。

紙包菜源於廣西梧州，最先揚名的是紙包雞，採用玻璃紙包裝。後因馮玉祥等人不明就裡，直接送口，老嚼不爛，鬧出笑話，乃改以可食的威化（糯米）紙，方便客人享用。至於紙包龍蝦，早年以「敘香園」的大廚呂江川（阿川）最為拿手，其後餐館競相仿製，遂成一道著名的菜肴。「天然臺」這次燒的，蝦肉緊結Q香，似已得其神髓。再加上所搭配的煸炒四季豆共嘗，的確相當出色。

上湯魚生可是標準的粵菜了。粵菜之所以融入於湘菜之中，不得不歸功於譚鍾麟。話說清季末造，籍貫湖南茶陵的譚鍾麟出任兩廣總督。當時其衙門內的廚役皆是粵人。粵菜講究清、鮮，實與傳統「油重色濃，鹹香酸辣兼備」的湘菜格格不入。譚氏雅好食藝，在乞休回籍後，乃將湘、粵菜肴結合，著重「滾、爛、燙」三字訣，使湘菜有了新面目。其次子譚延闓乃陳履安的外公，此公為晚清翰林，民國初年曾任湖南督軍及省長，後官拜行政院長，亦代理過國府主席。他不僅是個大書法家，更是個大吃家。名揚大江南北的「組庵菜」，即是其府上的珍饈。這一大碗上湯魚生，係以薄鯇魚片去刺後，在上湯中燙熟而成，為使看起來賞心悅目，中間的肉片做成玫瑰花狀，再由此向四方輻射，布滿整大鍋。其下則是西生菜，湯汁鮮清，爽腴適口，頗有醒酒之功。

湯菜甫畢，緊接上的是店裡的創意菜「神鵰俠侶」。此鵰為真鯛（即嘉臘魚），以土司裹芡魚片，用油略炸，上撒芝麻即成。炸得酥而不膩，入口腴潤，還算不錯。配食炒山蘇後，滋味居然大為提升，有相得益彰之效果。顏色則黃綠相襯，相當別致，堪稱精品。

最後上的大菜為豆豉蒸魚頭，鹹鮮得宜，噴香夠味，挺好吃的，佐食已蒸至爛透、如拇指般大的花東特產小苦瓜，真是絕配。甜點則是其製作精細的棗泥鍋餅及甜湯，餅香軟而湯清甘，實為這頓飯劃下了極完美的句點。

吃罷，大家腹滿為患，讚不絕口。逯教授開懷地說，台北市他罩得住的餐廳只有三家，一是上回吃的「永寶」，還有這次吃的「天然臺」，另一家則是「郁坊」。看來咱們這群饕客口福不淺，在他的引領下，又有好滋味可嘗啦！

名師高徒聚「鱈園」

四熱炒先上：X.O醬鮮貝、雙椒牛柳、韭黃龍鱈絲和百合蝦仁。大菜接著登席薦餐：元蹄烏參、香酥冰魚、乾燒鱈魚頭、烟燻玉排等……

「鱈園」是家以賣鱈魚及冰魚著稱的餐廳，口味清淡馨逸，滿能符合現代化的飲食風尚。故自其開張以來，即備受各方好評。咱這個美食會，先前曾在此聚過一次，人對菜好，笑語不斷，致與會者無不留下深刻的印象。而今，本會要角之一的喻姐，獨力擘畫天母店，大夥兒少不得要去捧場助興，熱鬧熱鬧。喻姐為滿足大家的期望，特地精心策劃一桌好菜饗諸同好。我能躬逢其盛，自然樂不可支。

甫進餐廳，但見几亮窗明，陳設別致，心情為之一暢；待入座後，逐一向會友問好。這時，喻姐又引見了新朋友，分別是營養名家洪建德醫師及元氣齋出版社發行人林鈴塙等人，又聽說逯耀東教授的高足郭純育醫師（食療名家莊靜芬醫師之夫）亦要與會，人未到而酒先送至，一聽到有好酒可喝，眾人的興致更遄飛了。

起先上的四熱炒，即已勾起大家的食欲，這四道菜依序是X．O醬鮮貝、雙椒牛柳、韭黃龍鱈絲和百合蝦仁。吃到嘴裡，感覺其不論是菜色及風味，十足是港式燒法。幸喜它料鮮質精，顏色亦搭配得宜，兼具賣相與美味，馬上贏得滿堂采。其中，又以韭黃龍鱈絲最受歡迎。能將鱈魚切得與韭黃段大小相埒，僅稍微厚了些，刀工真不簡單。入口則腴滑爽脆互見，彼此非但不排斥，反而更加的相容，不愧是其招牌菜。

大菜接著登席薦餐，首先上場的是元蹄烏參。這道菜講究的是火候，須煨到軟而不爛、透而不膩，方為上品。店家燒得不錯，稱得上是可口；而有豬腳墊底，那就不易醉啦！喻姐此番在配菜上的用心，由此細微處可見。

招牌菜之一的香酥冰魚跟著端上。十幾尾光鮮亮麗的冰魚，在細白瓷盤內兜攏，煞是好看。這魚長年在深逾一千公尺的南極冰洋下洄游，肉質緊Q，非常爽口。店家先以蔥、薑及料酒浸漬，然後以中火炸過，隨即撈出裝盤。在享用的時候，以手的拇、中、無名三指拈住（亦可用筷子搛住）魚尾，順勢向魚頭撕，吃完撕下的數片肉條後，接著吃炸得酥透的尾巴；再來是啃骨頭，那魚骨相當硬韌，嚼來頗費功夫，故齒力不濟的，多半不會吃它。最後則將整個炸得酥脆爽適的魚頭往嘴送，細品之後，香溢齒頰，此際再送一口百齡罈二十五年的蘇格蘭威士忌，更是讓人眉開眼笑，打從心底喜歡。

另，喻姐為使生意做得火旺，不惜將家中的好菜和盤托出，親教主廚學藝，用以招待嘉賓。我們嘗了其中三道，一是蒜瓣釀青辣椒，一是　芥菜，另一則是蒜香　仔魚；它們皆因精心製作而味美，博得大家一致好評。而我個人最欣賞的，則是吸足油而不膩、入口消融立化的蒜瓣，以及酥香蔥味的　仔魚。在不知不覺中，那瓶百齡罈的陳年威士忌竟已喝光。這時，再換上的佳釀，乃是約翰走路號稱三十五年的綠牌蘇格蘭威士忌。眾人喝得好不過癮，以後再開一瓶同款式的約翰走路。居然乾掉三瓶，實在盡興極了。

乾的菜色已吃不少，不覺有點舌燥，蟹粉竹笙煲適時端上，立刻搶手叫座。此煲內的料理以「老皮嫩肉」比較特別，這玩意兒為煎過的蛋豆腐，其口感和竹笙完全不同，一嫩一爽；但在蟹粉的調和下，滋味益形突出，可謂相得益彰。我連盡三小碗，其鮮味能繞舌，竟至久久不去。

就在眾人的讚歎聲中，兩道重量級的大菜接連上桌。頭一道是乾燒鱘魚頭，下一道是烟燻玉排。鱘魚頭一直是「鱘園」的鎮味大菜。因上回在大安路吃的是砂鍋做法，這回便改食乾燒做法。鱘魚頭個頭不小，比平常吃的鰱魚頭來得大，裡頭的精華更多更勝。我見在座諸君，儘夾頭邊肉吃，心中很是納悶，敢情是太客氣了。輪到我的時候，馬上以湯匙舀了柔潤滑嫩的精華放在逯老師盤內。師母為了老師健康，雅不願老師吃它。逯老師則笑呵呵地說：「這種好東西怎可不吃？」隨即送口大啖。眼看「孝敬」得宜，我則喜上眉梢。

烟燻玉排的確出色，選的是豬上好的肉骨頭，然後用紅米、茶葉燻它，再把燻過的湯汁澆淋其上。其色紅豔奪目，瘦肉嫩而不柴，肥肉油而不膩，兼且質高味厚，實在深得我心，可惜一人一塊，真的很不過癮。

座中人在吃了這麼多的美味後，食量小的，紛紛停箸不進；但對我而言，尚只五分飽。就無巧不成書，一大盤東洋魚炒飯已出現在眼前。

東洋魚指的是醃漬鮭魚，亦稱紅鮝，其名各地不一，如上海謂之「馬鮫魚」。這是抗戰前，日商一再傾銷至中國的東洋貨之一，整桶粗鹽未化，價賤不為人重，諸多低收入戶，皆取此物佐饌。每當一有排日行動，首先遭池魚之殃的，非此莫屬。其實，上品的紅鮝，包裝很精緻，價錢不便宜。照名歷史小說家高陽先生的看法，「談到鮝，不是長他人志氣，滅自己威風，實以日本的紅鮝為第一」，他指的當然是上品，家母常取其頭燉豆腐、大葱，煨至整個入味，盛放於瓷盤中。但見紅、青（指大葱）、白三色相間，不僅分外好看，且有幾許禪意，下飯佐酒兩宜。而用這紅鯊與蛋炒飯，勝在顏色光鮮，入口清爽不膩。不過，我若可以選擇的話，最獨鍾的，還是廣式的鹹魚雞粒炒飯。

末了，但見一大海碗端出，此乃壓軸的火腩土雞干貝砂鍋，食材十分可觀，湯汁異常鮮清，有人已喝三碗，尚意猶未盡哩！

眼看棗泥鍋餅、龜苓膏及水果接連端出，心知此宴已近尾聲，只是大家聊興絲毫不減。後至的郭醫師大談他上逯教授「中國飲食史」這門課的心得，並說他每個禮拜最快樂的時光，便是專誠從石牌坐計程車去台大上課。我看著他曲意承歡的樣子，益見其人尊師重道的精神，與為師者學養的深厚了。

後記

曾幾何時，「鱈園」早就歇業，逯老師已仙去，座中客亦星散。當日風流雅事，今日回首思之，只能徒呼負責，盡在不言中了。

目食耳餐又一章

日本料理及新派法式餐點，特重擺盤工夫，講究餐具呈現，即使一盤一碟，亦會殫思竭慮，其能揚名寰宇，進而引領風騷，似為關鍵所在。

食物是否好吃，真是個好問題，現已歸納如下：為色、香、味、形、觸。其中，色與形皆是視覺上的感受；味與觸，乃是味覺上的體現；而無聲無色的香，則是嗅覺上的受用。基本上，就餚點而言，最容易呈現其美的，即在其色與形，一旦映入眼簾，或恐引發食欲，甚至勾起饞涎。

而今攝影技術日新月異，非但拍得維妙維肖，而且能從各個角度切入，或正、或側、或垂直、或遠近，種種特寫效果，無不錯落有致，讓人一新耳目。而此先入為主，往往引人入勝，增進味美聯想。是以日本料理及新派法式餐點，特重擺盤工夫，講究餐具呈現，即使一盤一碟，亦會殫思竭慮，其能揚名寰宇，進而引領風騷，似為關鍵所在。

而袁枚認為只尚虛名，不講實惠的「耳餐」，曾指出：「極名廚之心力，一日之中，所做好菜，不過四、五味耳。」按當時的烹飪器具，不似今日精準方便，如非全力以赴，難保不會失手。當下分工日細，指揮設計與執行，必須各展其才，方有一席珍饌。於是長於行政之主廚，就算早年能燒出類拔萃之菜，但功夫擱久後，手藝自然生疏，偶爾露個兩手，就算創意十足，在割烹料理上，實難臻於理想。不過，慕名來者甚眾，還得透過人情，始能如願以償。食客如非老饕，尚可應付過去，倘若精於品味，那就貽笑大方。造成如此現象，即是「耳餐」使然。

總之，「目食」與「耳餐」二者，食客享用之前，反映在心理上，必定充滿期待，但中看不中吃，仍比中聽不中吃實在，畢竟，看過賞心悅目之「佳」餚，比起耳惠而實不至的，還是強多了。

好惡兩極創意菜

西班牙的阿布里，所製作出的創意菜，強調「科學與創意結合」，其廚房一如實驗室，居然不見丁點星火，難怪九成九是涼菜，除解構了食材，亦保留顏色和味道，卻大大改變了質感，更以賣相精緻新穎，加上充滿了幽默感，在在引人入勝。

在博版面、增曝光度和好好玩等激盪之下，創意菜終於一枝獨秀，幾乎席捲當今食界，既迅且猛，銳不可當。然而，天底下任何事，總是一體兩面，而且利弊互見，只要瑕不掩瑜，甚至利多於弊，就宜大力推行。就我個人而言，不管是古早味，或者是創意菜，只要燒得到位，絕對是個好菜，諸君以為然否？

當下的創意菜，早已跳脫窠臼，超乎想像之外，其中最特別的，首推分子料理，造成一股風潮。西班牙的阿布里，乃分子美食始祖，所製作出的創意菜，強調「科學與創意結合」，其廚房一如實驗室，居然不見丁點星火，難怪九成九是涼菜，其妙除解構了食材，亦保留顏色和味道，卻大大改變了質感，更以賣相精緻新穎，加上充滿了幽默感，在在引人入勝。是以一經推出，果然不同凡響，沛然莫之能禦。

這種創新方式，顛覆人們想像，其形其質其美，屢屢洋溢驚豔，是最成功個案。而今的創意菜，通常是走和風，在擺盤下功夫；有的則走歐風，亦在盛盤著力，只是擺飾不同；還有自成一路，居然是混搭風，搞得不倫不類。看在眼裡，頗不搭調，吃在口中，不知吃啥！如果以山寨為創新，治東西手法於一盤，假其名而收其實益，勢必會扼殺創意之根苗，陷食客跌入萬丈之深淵。

總之，菜貴創新，我就是我，不襲成規，不拘一格，但須根柢。捨其本而逐其末，創意何可貴之有？

創意之道在創藝

「御神」的阿昌師傅，一改懷石本色，從那小巧玲瓏，變做大氣磅礡，從大盤大碗中，操演精湛手藝，絕妙高明，充滿個人丰采，堪稱「創藝懷石」。

創意的餚點極多，有真功夫的有限，如果能精進超群，不但能有一己面目，而且可樹立典範，那就難能可貴了。只是這個創意源，須具備扎實根基，然後再本此奮進，才有望登峰造極。假使是天馬行空，甚至是憑空想像，僅創意而非創藝，所得出來的結果，必有如空中樓閣，也就不堪聞問啦！

日本的懷石料理，重現四季的變化，以精緻講究著稱。既師法禪宗精神，尤尊崇自然風格，將小巧發揮極致。起先是一汁三菜，有「茶懷石」的稱號，後演變成為料理，形式為七菜一汁。大概三十年前，一度在台北盛行，流行於上層社會，即使其價格甚昂，嗜之者不乏其人。

「御神」的阿昌師傅，曾受業於「寶山」，盡得乃師真傳，精究懷石料理。但不蹈故跡舊轍，所設計出的菜單符合八股精神，致力起承轉合，好似峰巒起伏，高潮扣人心弦，絕不單調呆板。此外，他一改懷石本色，從那小巧玲瓏，變成大氣磅礴，從大盤大碗中，操演精湛手藝，即使食材大件，亦寓精采細膩，保證不同流俗，充滿個人丰采。其絕妙高明處，稱為「創藝懷石」，倒也名有所本，可謂名副其實。

由上可知，想要廚藝通神，必先立定腳跟，篤守一家一派，才有師承家法，有了此一淵源，始能進入門徑，接著精益求精，「轉益多師是汝師」，最後兼容並蓄，遂可變化發展，化創意而為創藝，成其大且就其深。設想不顧家法，師承拋諸腦後，或可取悅一時，終究無法長久。

省思無菜單料理

無菜單料理的好處：其一為可因時制宜；其二為可以管控食材數量；其三為可就現成的食材，給予新的組合；其四則為店家於，鏑點求變求精，客人自然口耳相傳。

當下無菜單料理盛行，推陳出新，融會中西，加上媒體喜歡發掘，漸已成為趨勢，食客愛其「新鮮」，自在情理之中。

約莫二十年前，我在新店上班，常和同事小聚，喜歡去個小館，老闆很有個性，以「怪老子」稱之。館子裡的菜單，往往僅供參考，只有冰箱有的，才能燒幾個菜。其唯一常備者，便是臘肉這味。同事有卓姓者，其性倜儻不羈，嗓門亦特別大，往往一到門口，立刻高聲呼道：「老闆，來盤臘肉。」雖已事隔多年，一旦思及此事，每常莞爾一笑，烙印腦海之深，由此可見一斑。

怪老子的手法，開無菜單之先河，卻非刻意為之，而是手頭拮据，菜餚無法備辦，只好圖個方便。卻因此舉特別，兼且手藝高超，吸引一些饕客，我們即為其一。

分析無菜單料理的好處，大概有以下數種。其一為可因時制宜，只準備當今盛產的食材，選擇量多而新鮮的，可以降低成本；其二為可以管控食材數量，能視預定客人之多寡，當天買足備妥，非但不必擔心浪費，亦不虞剩料會不鮮，使客人吃得安心；其三為就現成的食材，給予新的組合，菜餚常鑄新意，令客耳目一新，便會經常光顧；其四則為店家挖空心思，會在餚點求變，在積極運作下，自然熟能生巧，功力在增進後，客人口耳相傳，生意蒸蒸日上。至於不必花錢印製菜單，則為餘事耳。

或許可以這麼說，台灣無菜單料理越盛，創意的佳餚必定越多，間接亦促成食界的進步。只是偶或出現弄巧成拙，竟當顧客為白老鼠者，那就焚琴煮鶴，讓人大煞風景。

無限風光創意菜

台灣真是寶島，本身農牧俱全，加上技術先進，優良產品極多，並拜交通便利之賜，各種食材薈萃。在集中國各地飲食之大成後，先一步與東、西洋接軌，以致食法多元，食味變化萬千。

時代快速轉變，源自創意不斷，造成日新月異，觸及多項領域，食界即為其一，其中訣竅所在，應在媒體身上，除喜新厭舊外，非但興風作浪，同時推波助瀾，其勢之猛之烈，沛然莫之能禦。然而，積極求新求變，固是美事一樁，才有新聞價值，製造更多商機；但退一萬步想，改變需要能量，累積一定的量，始能跳脫現狀，完成成熟作品，進而發揚光大。畢竟，創意源源不絕，文明向上提升，人類才會進步，不會停滯不前。

不容諱言的是，台灣創意當道，可謂因緣際會，而且得天獨厚，為舉世所僅有。歷經荷蘭、明鄭、滿清、日本及當下，飲食原本多元，更因兼容並蓄，逐漸融會貫通。雖然時日已久，人們忘其所以，只是來歷昭昭，終究有跡可循，提供無限空間，一旦結合想像，馬上推陳出新，創造各種可能，若說成「變則通」，倒也貼切現況，名實完全相副。

台灣真是寶島，本身農牧俱全，加上技術先進，優良產品極多，並拜交通便利之賜，各種食材薈萃。而最令人稱羨的，則是在集中國各地飲食之大成後，先一步與東、西洋接軌，以致食法多元，食味變化萬千，種種搭配組合，每每出人意表，媒體追新逐異，常常成為焦點，管它功過是非，既有這些現象，也算難能可貴。

事實上，創意需有所本，不是一味搞怪，博得新聞版面。希望不久將來，迅速累積能量，經一番淬煉後，走出一條新路，完全屬於自己，引領時代風騷，屹立世界食壇。

食談

品評佳餚要有梗

號稱「西南第一把手」的一代川菜大師羅國榮，巧製各種珍饌，贏得無數喝采，而形容其美的，多為書畫名家，以及善啖文人，讚詞別出心裁，或另出機杼，留下精闢句子，讓人會心一笑，甚且引為知音。

今人稱讚味美，通常坦率直接，而常聽的詞兒，不外「超好吃」、「真美味」、「不錯吃」等，雖僅寥寥數語，頗能引起共鳴。尤有甚者，如「臉書」、「推特」等，只要按一個讚，或用火星文及特定符號，也能率性傳達，但這種表達方式，即便簡潔明瞭，終究缺了味兒，少些文化意涵。

號稱「西南第一把手」的一代川菜大師羅國榮，精通紅白兩案，既承襲傳統，亦勇於創新，巧製各種珍饌，贏得無數喝采，而形容其美的，多為書畫名家，以及善啖文人，於是他們的讚詞，每別出心裁，或另出機杼，留下精闢句子，讓人會心一笑，甚且引為知音。

比方說，羅氏創辦之「頤之時餐館」，其菜色足以和享譽已久的「榮樂園」媲美，食客唐覺從、王樾村的評價為：「『頤之時』一出，盛極一時，人稱『榮樂園』與『頤之時』為『一時瑜亮』；比之書法，則為劉石庵與鄧完白；比之繪畫，稱之為吳湖帆與張大千。」書法名家謝无量亦譽羅氏的「開水白菜」、「口蘑肝膏湯」、「雞皮冬筍湯」三味，好比《三希堂法帖》中的三件寶：即〈伯遠帖〉、〈快雪時晴帖〉及〈中秋帖〉。名帖名菜相得益彰，非知味者，難出此言。

此外，書家昌爾大吃了他燒的「乾燒蝦仁」、「筍衣鴿蛋」後，指出：「羅國榮手下似顏魯公（真卿）書法，雄秀獨出，一變古法。」稱譽極隆，此與羅常強調的舉一反三，善於運用，可謂不謀而合。至於老教授向楚評為：「出手不凡，似陳子昂之前不見古人。」一旦褒獎過度，應是應酬溢美之詞，那就不怎麼客觀了。

無味之味 亦美味

鹽會使蛋白質凝固，凡燒煮含蛋白質多的食材（如肉湯），切記不可先放鹽，如果先下鹽，則蛋白質凝固，不能吸水膨鬆，就不易燒爛了。

五味之中，鹹這一味，缺它固不可，也最難控制，稍有不慎，滿盤皆輸。它的難處，就在不能一成不變，要因人、因時而異。且在鹹味中，絕大部分來自於鹽，由於不可一日無此君，因而號稱「食肴之將」、「百味之王」。在所有調味中，名列第一。烹飪上用到它，一絲馬虎不得。

《調鼎集》上用鹽，不但講究「一切作料先下，最後下鹽方好」，而且「若下鹽太早，物不能爛」。這可是有道理的，因為鹽會使蛋白質凝固，凡燒煮含蛋白質多的食材（如肉湯），切記不可先放鹽，如果先下鹽，則蛋白質凝固，不能吸水膨鬆，就不易燒爛了，為了安全起見，《隨園食單》指出：「調味者，寧淡勿鹹，淡可加鹽以救之，鹹則不能使之再淡矣。」確為至理名言。

此外，《隨園食單》認為：「上菜之法，鹽者宜先，淡者宜後；濃者宜先，薄者宜後；無湯者宜先，有湯者宜後。且天下原有五味，不可以鹹之一味概之。」其原因很簡單，人們剛開始吃，因為嘴巴淡，體內需要鹽，等吃到末了，身體內的鹽分，已達到飽和點，最需用水補充，一旦湯汁落肚，鮮味馬上提升，如果再下了鹽，口內只有鹹味，當然會吃不消。因此，酒席菜多，最後的湯，切莫放鹽。

關於此點，依據我的體驗，道地的寧波菜，其味夠鹹夠重，曾在上海的「金裕元」（「舊款寧波菜館」），嘗那道地的寧波菜，在吃了二十八道頭盤及熱菜後，納臭、鹹於體內，吃得血脈賁張。幸好最後上的鞭尖燉雞湯，完全沒放鹽，稱原湯原味。我喝了一口，那湯真是鮮，以無味而稱雄，真是頂級美味。

樽前自獻自為酬

——朱振藩看董酒

董酒清澈透明，酒香濃郁優雅，酯香、醇香與藥香俱全，酒體豐滿協調，入口柔綿回甜，飲後乾爽味長。

我平生好文史，甚喜讀兵法，曾醉心於書道，但論本身最愛，乃美食與佳釀。在大陸出產的白酒中，至少喝過四百種。所謂的名、優酒，我幾乎都嘗過，有的還飲過幾十瓶，亦有飲過十幾瓶的，而飲過幾瓶的，則屈指可數。並非我在托大，身處海角一隅，從未走訪大陸，（當時尚未退休，不能前往內地）竟有此一奇緣，實屬難能可貴。

近十幾年來，中國內地的酒業勃興，其品目之繁多，讓人眼花撩亂，目為之眩。僅就白酒的基本香型而言，已從過去的濃香型、醬香型、清香型、米香型、兼香型、其他香型這六種擴充至十種。治絲益棼，徒亂人意，我以為頗不足取。更何況目前中國內地的品酒專家們，認為白酒在香型上，應傾向「少香型，多流派，有個性」，並提出「淡化香氣，強化口味，突出個性，功能獨特」的發展方向。我個人頗然其說，但就「淡化香氣」而言，倒是不敢苟同。此酒香如成自天然，強調其香尚恐不及，假使全來自添加之物，那就只好退避三舍了。

以三獨特（工藝、風格、香味組成比）著稱的董酒，屬其他香型白酒，為藥香（一名董香）型的代表。其酒液清澈透明，酒香濃郁優雅，具有「三高一低」的特點，即丁酸乙酯、高級醇、總酸的含量為其他酒的三至五倍，而乳酸乙酯的含量則不到一半，故酯香、醇香與藥香俱全，酒體豐滿協調，入口柔綿回甜，飲後乾爽味長。其醇其和，堪稱獨步。

品嘗董酒，莫妙於蒸、燉菜肴，像汽鍋雞、清燉腳魚（即甲魚）、泥鰍鑽豆腐、竹筒蒸魚、竹筒蝦、肴豬腳、蟹粉魚肚、回魚乾絲或野菜排骨湯等都很合適。又，我曾在台北以川揚菜聞名的「郁坊小館」品嘗過董酒，當日的菜色有鹹豬腳兩吃、風雞、肴肉雙拼、麻辣腰花、腐竹排骨、栗子燒雞、清炒鱔糊、香酥八寶鴨等，酒珍菜美，大有「人生不過如此」之歎。

前些時日，又在台北「456上海菜館」品享董酒，發覺它和店內的名菜如砂鍋花三鮮、煎馬頭魚豆腐、清炒鱔糊、鞭尖腐皮毛豆等菜餚極為對味，相互烘托，效果加倍，可謂相得益彰了。

本文刊載於〈環球人物〉雜誌

INK PUBLISHING
文學叢書 353

饕掏不絕

作　　者　朱振藩
總 編 輯　初安民
責任編輯　洪玉盈
美術編輯　黃昶憲
校　　對　吳美滿　洪玉盈　朱振藩

發 行 人　張書銘
出　　版　INK印刻文學生活雜誌出版有限公司
新北市中和區中正路800號13樓之3
電　　話　02-22281626
傳　　眞　02-22281598
e-mail　ink.book@msa.hinet.net
網　　址　舒讀網http://www.sudu.cc

法律顧問　漢廷法律事務所
劉大正律師
總 經 銷　成陽出版股份有限公司
電　　話　03-3589000（代表號）
傳　　眞　03-3556521
郵政劃撥　19000691 成陽出版股份有限公司
印　　刷　海王印刷事業股份有限公司

港澳總經銷　泛華發行代理有限公司
地　　址　香港筲箕灣東旺道3號星島新聞集團大廈3樓
電　　話　852-27982220
傳　　眞　852-27965471
網　　址　www.gccd.com.hk

出版日期　2013年4月　初版
ISBN　978-986-5823-02-3

定　　價　340元

國家圖書館出版品預行編目資料

饕掏不絕／朱振藩 著；
－－初版,－－新北市中和區：INK印刻文學,
2013.4　面；14.8×21公分（文學叢書；353）
ISBN 978-986-5823-02-3　（平裝）
427.07　102005821